珠江河口水文动力数据分析与实践

广东水利电力职业技术学院　方神光　著

中国水利水电出版社
www.waterpub.com.cn
·北京·

内 容 提 要

珠江河口范围宽阔、地形地貌复杂、人类活动强烈，给河口治理和防灾减灾带来巨大挑战。针对近年通过自动浮标站获取的大量高分辨率的河口水文时空数据，本书提出主潮通量断面定位算法并开发计算平台来挖掘巨量实测数据的价值，取得了丰硕的研究成果。伶仃洋河口湾潮汐动力对潮流速的驱动作用在减弱，临界径流量概念揭示河口湾“滩冲槽淤”现象；极端台风“山竹”导致上游洪水在口门及网河区堆积，叠加风暴潮增水形成极端高潮位。澳门东侧夏季稳定的逆时针余环流造成澳门水域滩槽淤积及水体交换不畅。磨刀门近底层水域逆时针半环流结构对拦门沙治理具有重要意义。黄茅海中部水域河床冲淤演变主要受控于潮汐动力。

本书相关成果可供研究珠江河口的学者参考。

图书在版编目（CIP）数据

珠江河口水文动力数据分析与实践 / 方神光著. 北京 : 中国水利水电出版社, 2025. 1. -- ISBN 978-7-5226-2975-9

Ⅰ. P332

中国国家版本馆CIP数据核字第2025GV2728号

书　　名	**珠江河口水文动力数据分析与实践** ZHU JIANG HEKOU SHUIWEN DONGLI SHUJU FENXI YU SHIJIAN
作　　者	广东水利电力职业技术学院　方神光　著
出版发行	中国水利水电出版社 （北京市海淀区玉渊潭南路1号D座　100038） 网址：www. waterpub. com. cn E-mail：sales@mwr. gov. cn 电话：(010) 68545888（营销中心）
经　　售	北京科水图书销售有限公司 电话：(010) 68545874、63202643 全国各地新华书店和相关出版物销售网点
排　　版	中国水利水电出版社微机排版中心
印　　刷	天津嘉恒印务有限公司
规　　格	170mm×240mm　16开本　11.25印张　196千字
版　　次	2025年1月第1版　2025年1月第1次印刷
定　　价	**68.00**元

前言

珠江河口拥有丰富的淡水、岸线和岛屿等资源禀赋，为区域经济社会发展提供了有力的支撑。近些年，人类高强度活动带来了河口水生态环境的退化，同时河口还面临极端台风的频繁威胁。全社会对河口生态治理及恢复和防灾减灾的迫切需求推动了河口学科的快速发展，取得了大量学术理论和应用成果。得益于近年河口水文气象观测设备和技术的进步和广泛应用，获得了珠江河口大量高分辨率的水文气象时空数据，为更直观地认识和理解河口的动力环境特征提供了必要条件，但数据处理和分析工作也面临着巨大挑战。为充分挖掘实测水文数据的价值，本书提出了一套较为独特的巨量水文数据处理方法，用来提取和分析珠江河口主要水域水动力环境信息，总体架构为介绍水文气象数据来源，提出河口海流巨量实测数据处理方法，分析珠江河口伶仃洋、澳门水域、磨刀门和黄茅海的水文动力特征。

珠江河口地区岸线曲折、岛屿众多且外海潮波在河口变形，导致潮流矢量复杂多变、潮汐和潮流存在显著不协同。潮流运动是河口泥沙、有机质、营养盐等输运扩散的直接载体，采用潮汐涨落来区分潮流矢量会给后续河口动力环境分析带来较大误差。为此，本书提出了主潮通量断面定位算法，通过探寻最大潮通量对应的潮流矢量椭圆短轴断面来区分潮流矢量涨落特性，更符合动量守恒的物理机制，结合分量与时间轴的面积积分法，精准计算不同时间尺度下的潮流动力特征值并分析其变化规律，有针对性地开发了相应软件平台，实现了对珠江河口庞大水文动力实测数据的自动整编和分析。

伶仃洋河口湾位于粤港澳大湾区核心区域，受人类活动影响显著。观测数据显示潮汐动力对潮流速的驱动作用在减弱、指向外海方向的径流动力作用在增强、西侧浅滩固有的潮汐捕集和储能作用在弱化，这与伶仃洋河口湾围垦及滩槽整体冲刷下切导致的窄深型河湖动力特征演变相关，伶仃洋河口湾的临界径流量概念的提出揭示了当前伶仃洋水域存在的“滩冲槽淤”现象。极端台风“山竹”登陆期间，伶仃洋水域流速大幅度增大，湾口最为明显，且涨潮平均流速增加幅度显著大于落潮，西滩中部水域形成洪水潮流宣泄通道；内伶仃洋水域东四口门净潮通量指向上游方向，导致洪水在口门及网河区堆积，造成口门水域持续近 9h 潮位连续上涨并出现极端高潮位。

澳门东侧水域整体呈涨潮流历时小于落潮流历时，北侧水域涨潮流历时大于南侧水域及表层涨潮流历时小于底层的规律；夏季该水域存在较为稳定的逆时针余环流，与珠江河口外海侧强劲的东北向沿岸流引起澳门东侧水域自东向西的补偿流密切相关，该独特的动力结构会截获上游东四口门下泄部分潮流泥沙随涨潮流进入澳门水道，导致澳门水域滩槽淤积及水体交换不畅。磨刀门水道洪枯季均呈落潮优势流，口门外东汊近底层水域均为涨潮优势流、西汊均为落潮优势流，该特征显示磨刀门口门外海侧近底层水域存在一逆时针半环流结构，且枯季尤为明显，对磨刀门口门拦门沙治理具有重要指导作用。黄茅海洪水径流由表层和中层范围朝东南向输出，表层余流自西向东，海面风对其具有明显抑制作用；枯季，余流流速较小，表层余流变为自东向西；中部水域呈涨潮期落淤、落潮期冲刷的特征，河床冲淤演变受控于潮汐动力。

珠江河口范围宽广、地形地貌极为复杂，同时受人类活动影响极为显著，给当前基于实时潮汐动力数值模拟技术为基础的河口治理和防灾减灾带来了极大挑战。通过对河口更大范围和更长时段水文动力数据的持续观测，深入认识潮汐动力的时空演变规律和关联特征，采用空间与时间互换的方式也不失为应对当前河口挑战的有效方法。鉴于应用水文动力实测数据时空上的局限性及作者本人认识水平所限，书中难免有不妥及错误之处，敬请读者批评指正。

本书撰写过程中得到了珠江水利委员会珠江水利科学研究院的大力支持和协助，在此致以衷心感谢！本书的出版得到了广东省普通高校特色创新项目（自然科学）（2024KTSCX337）的资助。

作者

2024年5月14日于广州

目　录

第1章　绪　　论

1.1　河口水文观测数据处理概述

1.1.1　动力观测数据处理

河口水域位于海陆交汇处，其水文动力及物理化学过程极为复杂，因此对其全面准确的认识往往有赖于现场观测。20 世纪 80 年代，珠江水利委员会研发了一套以 DRCM－2 型直读式海流计为基础的自动测试系统并应用在天河水文站（罗友芳，1987），同期沈焕庭（1988）指出现场观测是物理模型和数学模型的依据。20 世纪 90 年代，孙介民（1991）开发了潮汐河口水文测验内业（英汉）电脑处理系统以解决人工水文数据处理在密度、速度、精确度和整洁度等方面的问题；张鹰等（1994）提出在江苏沿海中部建设海洋观测台站用来服务于海洋资源开发；朱建荣等（2003）在长江河口开展了历史上专门针对春季盐水入侵的一次大规模现场观测。2000 年后，龙小敏等（2005）介绍了中国科学院南海海洋研究所新研制的海洋水文多参数测量仪并利用其确定主波向的方法；龚政等（2003）研发了一套具有数据整编、潮流特征值计算、报表打印、调和分析于一体的河口海岸水文信息处理系统；詹寿根（2002）探讨了 Excel 软件在径流量、降水量、灌溉库容和经验频率等特征值计算分析中的应用；章树安等（2006）对我国水文资料整编的主要技术方法、数据库技术标准和建设成就等进行了回顾和总结；陈望春（2007）则通过建立灰色预测模型对各阶段的水文资料质量进行了预测评估；朱建荣等（2010）和戴志军等（2008）均基于走航观测数据分析了 2006 年特枯水文年份下的长江口南支和北支盐水入侵特征；冯向波等（2011）介绍了台湾近海基于浮标站、观测桩、潮位站、岸边气象站、雷达测波站等多种近海水文观测设备组成的近海水文观测体系及其在风暴潮灾害预警预报中的应用；李为华等（2013）系统介绍了河口浮泥四种观测技术的优缺点；陈德清等（2010）基于全球广泛应用的水文水环境数据处理分析系统进行了本地化和二次开发；谢加球等（2013）将 HEC-RAS 水文分析软件推广应用到水利水电勘测设计中；韩灯亮（2014）的研究表明，南方片水文资料整编软件功能强大，整编成果更切合实际，输出成果基本不需要人工干预，并建议在潮位统计和遥测数据处理方面进一步完善；郭磊等（2002）和盛寿龙等（2011）自主开发的水文频率计算软件不仅节省了重复工作量，还极大提高了适配曲线的拟合精度。21 世纪 20 年代，江迪（2020）提出了一种融合卫星遥感数据的三维水体声学观测集成技术；王忠权等（2023）提出了完善钱塘江河口涌潮长期观测体系的措施及其在涌潮中短期预测预报中的应用；顾靖华等（2020）系统总结了河口海岸环境监测技术研究进展，指出极端天气下的监测以及长时间尺度的监测上仍存在不足。总体来看，有关水文资料的整编技术已经相当成熟，但在资料分析和特征值的计算等方面，各学者主要结合地方特色和自身研究需要利用现有软件或独立开发处理软件。

1.1.2 成果及浮标站

珠江河口曾在 1991 年 12 月、1992 年 7 月、2003 年 7 月、2013 年 9 月、2020 年 6 月和 2021 年 12 月等时间开展过大范围同步观测，基于实测数据取得的研究成果极为丰富。如基于水文资料推算出珠江河口八大口门多年平均年径流量为 3260 亿 m^3，其中东四口门年径流量占珠江河口的 61%，西四口门占 39%；多年平均年悬移质输沙量为 7024 万 t，东四口门和西四口门分别占总输沙量的 56.8%和 43.2%；分流比上，20 世纪 90 年代以前，三水和马口分流比基本稳定，分别占 14.2%和 85.8%；洪潮遭遇方面，100 年的资料统计显示遭遇概率为 27%；珠江河口潮汐主要是不正规半日混合潮型，一年中夏潮大于冬潮，最高、最低潮位分别出现在春分和秋分前后，且潮差最大，夏至、冬至潮差最小。因受汛期洪水和风暴潮的影响，最高潮位一般出现在 6—9 月，最低潮位一般出现在 12 月至次年 2 月。受人类活动和水文环境变化影响，近年来口门站高低潮位都有抬高趋势。珠江河口属南亚热带海洋性季风地区，根据赤湾站统计资料，全年盛吹偏东风，E 向风频率为 23.4%，SE 向风为 14.2%，实测最大风速达 30m/s。赤湾海区波浪以风浪为主，出现最多的是 S 向，其次是 N 向，再次为 ENE 向；风浪的年平均波高为 0.2m，最大波高为 1.2m，出现在 10 月。

对河口自然水文观测数据的分析和理解是认识、改造、治理和保护河口最为直接的研究手段，为近些年评估、规范和指导人类活动和行为发挥了重要作用。近年来，粤港澳大湾区战略规划的实施对水安全保障提出了更高的要求；珠江河口在口门延伸、水域围垦、航道整治、拦门沙消失、大型涉水工程建设等影响下，水动力环境也发生了很大变化；珠江河口治理和开发中的问题具有长期性、复杂性和艰巨性，多种因素和作用交织，导致短期观测数据或模型试验等难以全面反应河口动力全貌。因此，珠江水利委员会水文局近年在珠江河口构建了包含12套浮标站（表1-1）的观测系统，每个站点由原型观测浮体及锚系、数据采集传输与控制系统、数据接收管理系统、安全防护系统、太阳能供电系统、运行监测及自检系统、仪器自动升降系统及配套水文多要素监测设备组成，实现了对河口重点水域的潮流、波浪、泥沙、盐度、水质、风况等多要素长期、连续、同步和分层观测。这是本书开展河口水文动力分析的主要数据支撑。

表1-1　　珠江河口浮标站位置坐标

浮标站	纬度	经度
A1	22°34′11″	113°44′1″
A2	22°26′59″	113°40′11″
A3	22°26′59″	113°43′2″
A4	22°26′55″	113°44′36″
A5	22°10′40″	113°32′11″
A6	22°11′6″	113°36′42″
A7	22°5′5″	113°36′36″
A8	22°5′4″	113°28′17″
A9	22°2′374″	113°30′14″
A10	22°1′14″	113°28′47″
A11	21°57′58″	113°7′29″
A12	21°51′21″	113°12′31″

1.2 珠江河口主要水域水文气象特征

1.2.1 风速风向特征

珠江河口范围内的平均风速（表1-2），一般是临滨海区风速较大，离滨海区较远则风速较小，年平均风速为1.9～4.0m/s。风速在季节上的变化是同一地方相差不大，多数地方是冬季较大，夏季较小。

表 1-2　　珠江河口各月平均风速

站点	平均风速/(m/s)												
	1月	2月	3月	4月	5月	6月	7月	8月	9月	10月	11月	12月	全年
东莞	1.9	2.1	1.9	2.1	2.2	2.1	2.2	1.8	2.0	1.5	1.6	1.5	1.9
深圳	3.5	3.6	3.4	3.1	2.8	2.5	2.3	2.2	2.6	3.0	3.4	3.3	3.0
中山	2.3	2.5	2.4	2.3	2.3	2.2	2.5	2.2	1.9	1.7	1.9	1.9	2.2
新会	2.5	2.5	2.3	2.3	2.2	2.1	2.4	2.1	2.3	2.5	2.5	2.4	2.3
珠海	3.5	3.4	3.3	3.8	3.9	3.7	3.9	3.2	3.7	3.7	3.7	3.2	3.6
斗门	5.1	4.8	3.9	3.7	3.5	3.6	3.7	3.2	3.4	4.1	4.7	4.5	4.0
上川	4.1	4.0	4.0	3.9	3.8	3.6	3.5	4.0	4.4	4.7	4.1	4.0	4.0

根据表 1-1 中 12 座浮标站 2019 年 1 月（枯季）和 7 月（洪季）各站平均风速统计结果（图 1-1），洪季平均风速为 3.0～4.6m/s，最大出现在伶仃洋口门外的 A7 站，平均风速 4.6m/s，最小出现在澳门水道的 A5 站，平均风速 3.0m/s；枯季平均风速为 2.5～7.2m/s，最大出现在黄茅海口门外 A12 站，为 7.2m/s，最小出现在澳门水道 A5 站，平均风速 2.6m/s。

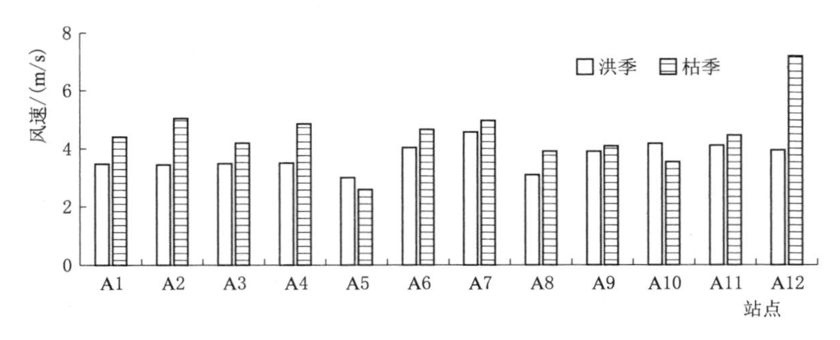

图 1-1　洪季和枯季浮标站平均风速统计结果（时长：半月）

2019 年实测风速总体比往年统计值大 20%～40%，主要原因有：一方面由陆域与水域位置差异所致；另一方面说明随着气候变化，珠江河口风速有加强的趋势。但由于站点位置不同，该变化有待后续进一步观测；珠江河口枯季平均风速总体大于洪季，口门外海平均风速整体大于口门以内，与珠江河口以往风速时空统计变化规律一致。

珠江河口区风向一般是冬季由于北方强大而寒冷的极地大陆气团入侵，故盛行 N 风；另外由于受沿海海岸地形的影响，风向又常偏于 NE 到 E 之间。夏季整个气压场形势与冬季相反，西太平洋副热带高压气流北上，而印度洋西南湿气流又异常活跃，盛行风向主要以SE风和SW风为主。春、秋转换季节风向极不稳定，盛行风向比较零乱，但各地往往差别较大。如中山站常风向为N，频率约为11%，枯季1月常风向为N，频率为25%，7月洪季常风向为S，频率为19%；珠海站常风向为N和SE，频率为16%，枯季1月常风向为N，频率为25%。

采用最大风通量的概念统计最大风通量断面两侧的主风向及历时，相当于将之前的风矢量的多个方向简化为断面两侧的2个代表性方向，将之前的频率统计变为历时时长统计，A1～A12浮标站洪季（7月）和枯季（1月）主要站点平均风向和历时占比如图1-2所示。可见，伶仃洋水域和澳门水域7月洪季以S风和ENE风为主，且S风历时更长，伶仃洋口门外A7站基本都是SSW风；磨刀门口门以E风和SW风为主，SW风历时更长；黄茅海水域以ENE风和SW风为主，且SW风历时更长。枯季，珠江河口口门以内水域以N风和SE风为主，且N风历时达70%以上，口门以外NE风历时占比超过95%。

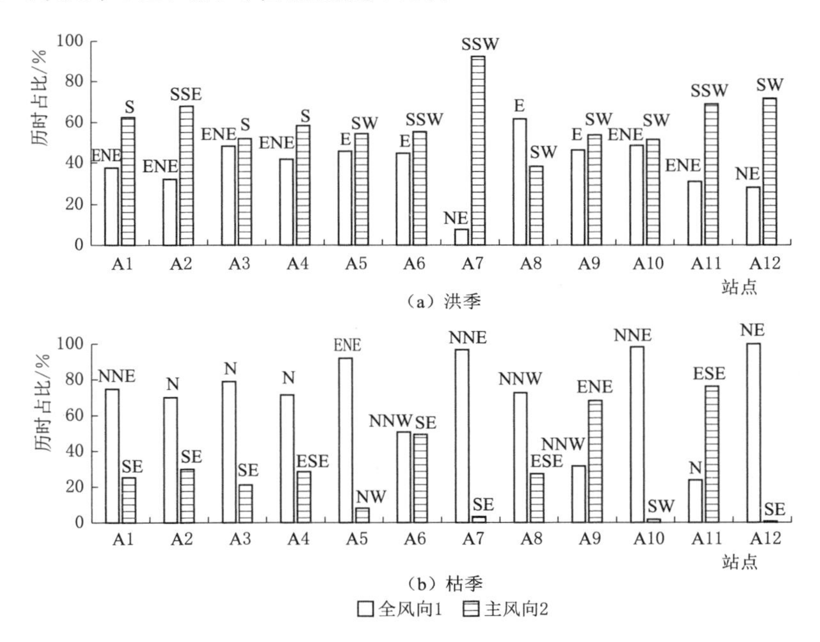

图1-2 珠江河口主要站点平均风向和历时占比统计（时长：半月）

因此，从风向比较来看，珠江河口洪枯季总体风向仍与以往规律基本一致，口门以内受陆域地形影响有所差异，口门以外洪枯季风向较为稳定，洪季盛行SW风夹杂ENE风，枯季盛行NE风夹杂SE风。

1.2.2 珠江河口潮流特征及变化

伶仃洋水域于20世纪80年代、90年代和21世纪初都开展过流速同步观测，表1-3给出了历年洪枯季实测垂向平均流速变化范围，同时也给出了浮标站（A1～A6）2019年洪季和2020年枯季半月时长内的垂向平均流速变化范围，其中80年代和21世纪初观测时长为1d，90年代观测时长为2d，期间包含了洪季、枯季，洪季除1998年外，以常遇洪水为主，河口外含大潮、中潮、小潮。比较来看，伶仃洋水域近年涨落潮流速较以往有明显减弱趋势；洪季涨落潮流速总体大于枯季，落潮流速从上游向下游递减、涨潮流速从下游向上游递增，与以往规律一致。

表1-3 历年洪枯季实测垂向平均流速变化范围

年 份	枯季垂向平均流速/(m/s)		洪季垂向平均流速/(m/s)	
	涨潮	落潮	涨潮	落潮
1980年（枯季），1981年（洪季）	0.25～0.67	0.28～0.73	0.37～0.63	0.42～0.75
1991年（枯季），1992年（洪季）	0.24～0.49	0.34～0.63	0.0～0.56	0.25～0.91
1998年			0.0～0.47	0.41～0.8
2002年			0.17～0.46	0.23～0.49
2003年			0.0～0.54	0.0～0.67
2019年（洪季），2020年（枯季）	0.1～0.27	0.12～0.28	0.1～0.32	0.13～0.36

图1-3为伶仃洋水域历年实测涨落潮历时占比对比。结果显示除1998年洪季外，近年涨落潮历时与以往成果相差不大，都在10%以内。从变化趋势来看，不论洪枯季，伶仃洋水域涨潮历时呈现减小、落潮历时呈增加趋势。1998年洪季涨落潮历时明显有别于其他年份，该年份洪季伶仃洋水域涨潮历时整体较其他年份显著偏小，主要原因是“98·6”洪水峰高量大、下泄径流动力显著增强。

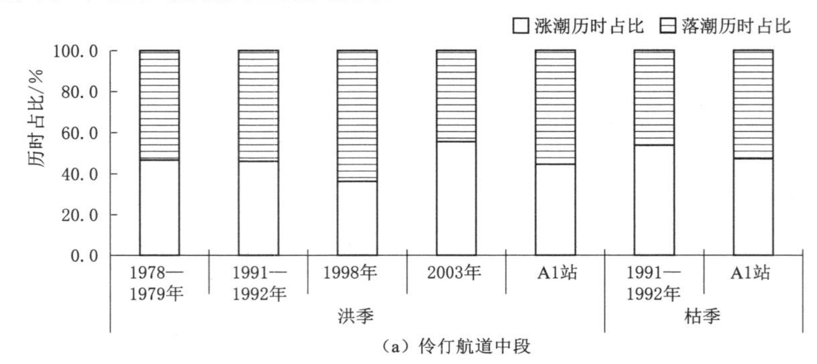

(a) 伶仃航道中段

图1-3（一） 伶仃洋水域历年实测涨落潮历时占比对比

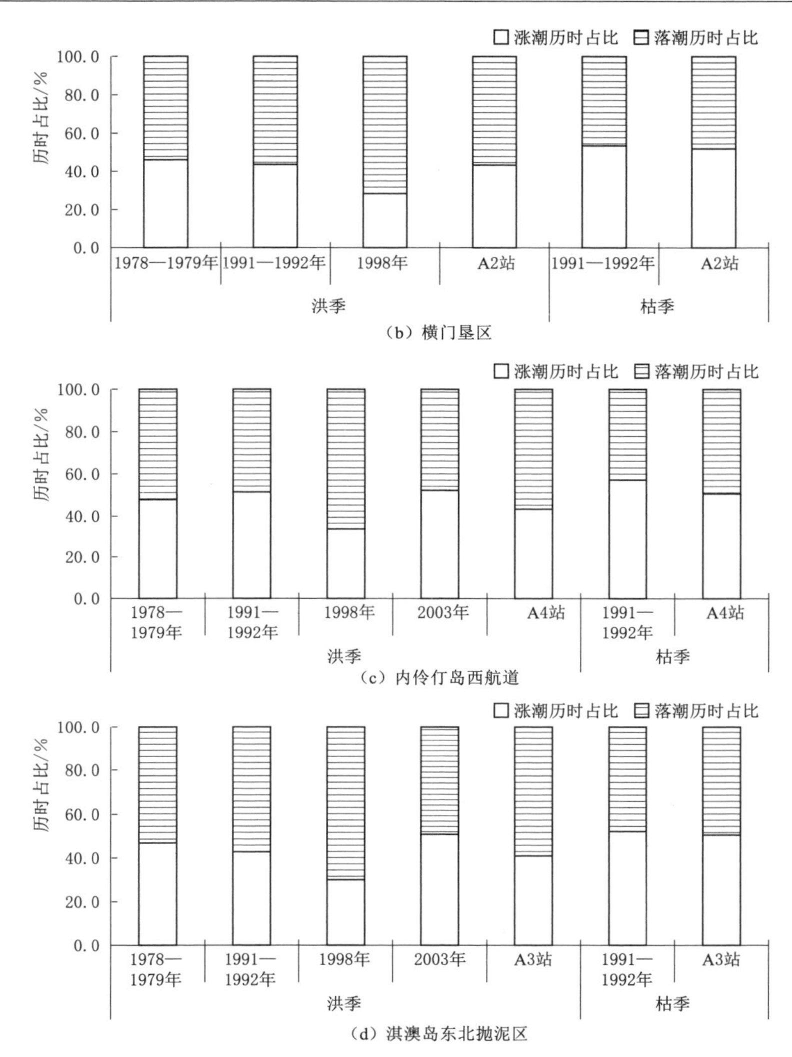

图 1-3(二) 伶仃洋水域历年实测涨落潮历时占比对比

图 1-4 给出了伶仃洋水域往年及 2019 年浮标站实测数据分析得到的余流流速和流向。伶仃航道中段：近年余流流速呈现减小趋势，余流流向较往年变化不大，为 SE 方向；横门垦区：近年余流流速呈明显减小趋势，洪季流向与往年比较变化不大，为 SE 方向，枯季则由以往的 SE 方向变为 SW 方向；淇澳岛东北抛泥区：近年余流流速呈减小趋势，余流流向与往年比较变化不大，洪季为 SW 方向，枯季为 SE 方向。内伶仃岛西侧主航道：近年余流流速呈减小趋势，洪季余流流向与往年比较基本无变化，为 SW 方向，枯季则由 NE 方向变为 SW 方向。

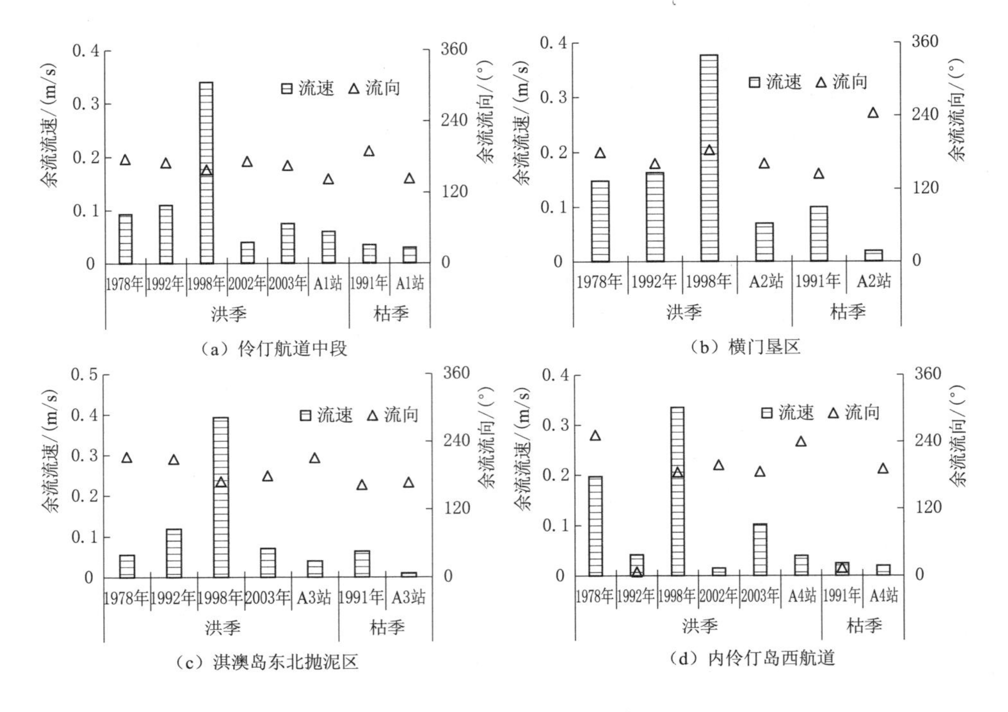

图 1－4　伶仃洋水域历年实测余流对比

总体来看，近年伶仃洋余流流速较往年呈现较明显的减小趋势；洪季，余流流向较往年比较变化不大，都为落潮流方向；枯季，余流流向总体仍为落潮流方向，但横门垦区水域余流流向较往年略西偏。

1.3　河口主潮通量断面定位算法研究

1.3.1　河口涨落潮流特征研究概述

在河口海流涨落潮潮段的特征值分析中，准确判断各时刻海流所处的涨落潮时段对开展后续分析如平均涨落潮流速、流向、余流、历时等潮流特征分析极为重要。常用方法是引入调和分析方法，确定研究海域主要分潮，对涨落潮段特征值进行计算分析。如张世民等（2018）基于历史资料计算了厦门海域浅海分潮比均小于 0.05，属于正规半日潮，指出强风对潮波的浅海效应有加强作用；侯伟芬等（2016）计算了宁波—舟山海域潮汐调和参数为非正规半日混合潮类型，潮位与潮流变化基本同步，潮流以往复流为主并伴有旋转性质的混合流态；陈金瑞等（2016）通过调和分析等方法将实测海流分解成由不同天文潮作用引起的流动和非周期性的余流部分，确定了4个主要分潮潮流椭圆主轴方向呈现SW—NE方向；费岳军等（2013）研究显示舟山冬季潮流类型均为正规半日潮流，M_2、S_2分潮潮流椭圆长轴基本上呈S—N走向，K_1、O_1分潮潮流椭圆主轴基本呈NW—SE走向，表层、底层流速基本反向；陈波等（2009）基于实测资料和数学模型分析显示，北部湾海域表层冬季以S向和SW向为主，夏季以E向和NE向流动为主，潮汐余流很小。珠江河口伶仃洋属于典型弱潮型河口，口门位置桂山岛平均潮差为1.10m、大虎为1.69m（应秩甫等，1983），地形地貌呈现“三滩两槽”格局（李团结，2017），水域岸线走向曲折，岛屿密布，在潮汐、径流、咸潮和海面风等因素综合影响作用下，近岸涨落潮流态复杂（胡德礼等，2010），洪枯季和表层、底层涨落潮流速流向更是呈现较大的差异（林祖亨等，1996）；珠江河口海域潮汐为不正规半日潮，常年存在较为显著的SW向沿岸流（高时友等，2017），潮型数大致介于1.1～1.3之间，M2分潮占主导地位，欧拉余流在河口内航道区形成S向流，在河口西侧浅滩处形成北向流，出现了余环流结构（林祖亨等，1996；丁芮等，2015；王彪等，2012），从而塑造了伶仃洋河口地形地貌形态以及泥沙和物质的输移态势。

相较于内陆河道水文数据处理，河口长系列的海洋水文数据的处理更为复杂，一方面体现在河口海流流向的多变，只有准确定义了各时刻的流态所处的涨落潮流特征，才能开展潮流特性和潮段特性的研究分析工作；另一方面体现在数据量巨大，以往技术手段针对的是短期实测数据，难以推广应用到长系列数据的处理。为此，依据潮流主动力通量断面的概念，提出了主潮通量断面定位算法。

1.3.2 主潮通量断面定位算法

河口水域径潮动力均较强，且岸线曲折，岛屿和浅滩较多，外潮波传入后变形明显。从牛顿第二定律来讲，通过某一断面（潮流椭圆短轴）上的单宽潮流通量可以反映河口潮汐和径流动力等综合因素在某一方向上的动量大小，而最大单宽潮流通量则不仅可以区分各时刻潮流矢量所处的涨潮或落潮区间，还可以进一步计算分析出涨潮和落潮时段内的主流向。此处基于该技术思路开展河口长系列各时段内海流涨落潮主流向的划分。潮流通量计算示意图如图1-5所示。

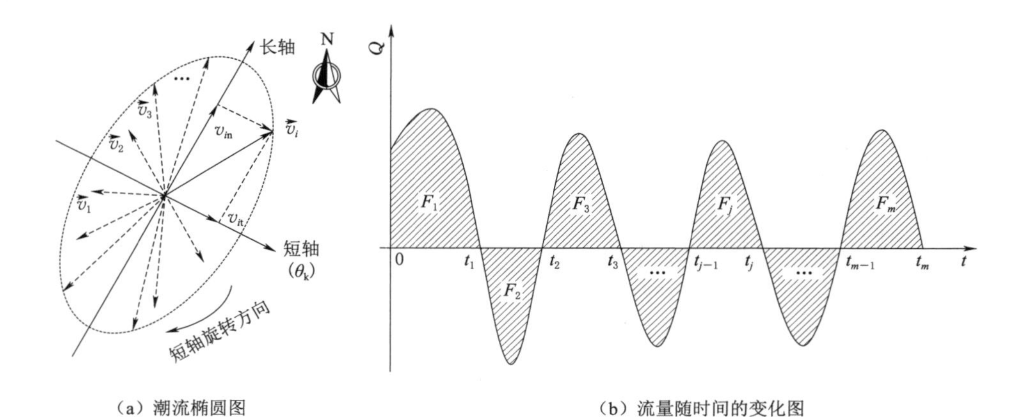

（a）潮流椭圆图　　　　（b）流量随时间的变化图

图 1-5　潮流通量计算示意图

如图 1-5（a）所示在时段 t_m 内实测有 n 个海流数据，即 $\{(\vec{v_1},h_1),(\vec{v_2},h_2),\cdots,(\vec{v_i},h_i),\cdots,(\vec{v_n},h_n)\}$，其中 $\vec{v}$ 代表垂向平均流速矢量，h 代表水深，根据任一时刻的流速 $\vec{v_i}$ 及水深 h_i，就可以得到任一时刻的单宽流量 $\vec{Q_i}=\vec{v_i}\times h_i$。图 1-5（a）中，任选一与 N 向夹角为 θ_1 的直线作为短轴，则 $\vec{v_i}$ 可以分解为该短轴的法线方向分量 v_{in} 和切线方向分量 v_{it}，将该短轴作为单宽断面，则 i 时刻通过该断面的单宽流量为

$$\overrightarrow{Q_{in}}=|v_{in}\times h_i| \tag{1-1}$$

以该短轴为分界线，定义短轴一侧的潮流矢量为涨（落）潮流，另一侧为落（涨）潮流，由此可以得到纵坐标为流量、横坐标为时间的图 1-5（b），由此得到 m 个涨潮和落潮时段，该图中流量曲线与时间轴所围的阴影面积为该时段内的涨潮量或落潮量，即第 j 个涨（落）潮时段内的潮量为

$$F_j=\int_{t_{j-1}}^{t_j}Q_{in}\mathrm{d}t=\int_{t_{j-1}}^{t_j}|v_{in}h_i|\,\mathrm{d}t \tag{1-2}$$

则全部时长 t_m 内通过短轴断面（θ_1）单宽总潮量为

$$F_{n\theta_1}=\sum_{j=1}^{m}F_j=\sum_{j=1}^{m}\int_{t_{j-1}}^{t_j}Q_{in}\mathrm{d}t=\sum_{j=1}^{m}\int_{t_{j-1}}^{t_j}|v_{in}h_i|\,\mathrm{d}t \tag{1-3}$$

将该短轴断面按顺（逆）时针旋转，旋转范围为（θ_1，$\theta_1+180°$），分别计算出通过不同短轴断面的单宽总潮通量 $\{F_{n\theta_1},F_{n\theta_2},\cdots,F_{n\theta_k},\cdots,F_{n(\theta_1+180°)}\}$，单宽总通量最大的短轴断面即为主潮动力通量断面。

为探讨该方法的准确性和有效性，选取澳门东南侧水域 A7 号浮标站（位置见表 1-1）。2018 年 1 月枯季和 8 月洪季实测海流数据，采用以上方法计算该站洪季和枯季一个月的单宽潮流通量随短轴断面位置（角度）的变化关系曲线（图 1-6），显然在某一方向存在一个最大潮流通量值。1 月整月最大潮流通量对应的断面位置角度为 301°，8 月最大潮流通量对应的断面位置角度为 308°，显示该站点位置主潮通量断面呈 NW—SE 走向，洪季该最大通量短轴断面较枯季略呈顺时针偏转；而主潮通量断面位置的细微变化可反映出珠江河口径潮动力之间此消彼长的关系。

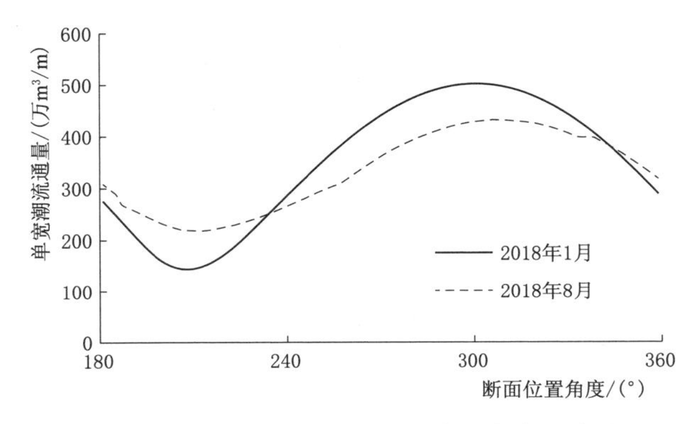

图 1-6 单宽潮流通量与断面位置角度的关系

1.3.3 主潮流向的确定方法

在确定主潮通量短轴断面后，即可将短轴两侧的潮流矢量定义为涨潮流或落潮流，得到图 1-5（b）中的流量随时间的变化曲线图，采用 $\{(0,t_1)_1,(t_2,t_3)_2,\cdots,(t_j,t_{j+1})_i,\cdots,(t_{m-1},t_m)_{n_f}\}$ 代表 n_f 个涨潮时段，n_f 个涨潮时长相加得到总涨潮历时 T_f，用 $\{(t_1,t_2)_1,(t_3,t_4)_2,\cdots,(t_{j-1},t_j)_k,\cdots,(t_{m-2},t_{m-1})_{n_e}\}$ 代表 n_e 个落潮时段，将 n_e 个落潮时段的落潮时长相加得到落潮总历时 T_e，$\{t_1,t_2,t_3,\cdots,t_j,\cdots,t_m\}$ 为涨（落）憩流时刻点。定义 $\overrightarrow{v_{fi}}$ 和 $\overrightarrow{v_{ek}}$ 分别为任一时刻 i 的涨潮流矢量和时刻 k 的落潮流矢量，实测潮流 t_m 时间段内的涨潮和落潮主流向采用平均流向来定义。由于潮流矢量可以分解为 N 向和 E 向分量，因此涨潮流矢量 $\overrightarrow{v_{fi}}$ 可以分解为 v_{fiN} 和 v_{fiE}，落潮流矢量 $\overrightarrow{v_{ek}}$ 分解为 v_{ekN} 和 v_{ekE}。

某一涨潮时段 i 内的 N 向分量与 E 向分量与时间轴的面积可以表示为 $S_{fiN}=\int_{t_j}^{t_{j+1}} v_{fiN}\mathrm{d}t$ 和 $S_{fiE}=\int_{t_j}^{t_{j+1}} v_{fiE}\mathrm{d}t$；落潮时段 k 内的 N 向分量与 E 向分量与时间轴的面积可以表示为 $S_{ekN}=\int_{t_{j-1}}^{t_j} v_{ekN}\mathrm{d}t$ 和 $S_{ekE}=\int_{t_{j-1}}^{t_j} v_{ekE}\mathrm{d}t$。$n_f$ 个涨潮时段的 N 向分量面积和 E 向分量面积求和为

$$\begin{cases} S_{fN}=\sum_{i=1}^{n_f}S_{fiN}=\sum_{i=1}^{n_f}\int_{t_j}^{t_{j+1}}v_{fiN}\mathrm{d}t \\ S_{fE}=\sum_{i=1}^{n_f}S_{fiE}=\sum_{i=1}^{n_f}\int_{t_j}^{t_{j+1}}v_{fiE}\mathrm{d}t \end{cases} \tag{1-4}$$

n_e 个落潮时段的 N 向分量面积和 E 向分量面积求和为

$$\begin{cases} S_{eN}=\sum_{i=1}^{n_e}S_{ekN}=\sum_{i=1}^{n_e}\int_{t_{j-1}}^{t_j}v_{ekN}\mathrm{d}t \\ S_{eE}=\sum_{i=1}^{n_e}S_{ekE}=\sum_{i=1}^{n_e}\int_{t_{j-1}}^{t_j}v_{ekE}\mathrm{d}t \end{cases} \tag{1-5}$$

则涨潮和落潮时段内的流速在 N 向和 E 向上的分量为

$$\begin{cases} V_{fN}=S_{fN}/T_f \\ V_{fE}=S_{fE}/T_f \end{cases} \tag{1-6}$$

$$\begin{cases} V_{eN}=S_{eN}/T_e \\ V_{eE}=S_{eE}/T_e \end{cases} \tag{1-7}$$

据此可得到该水文测验时段 t_m 时长内的主流速和主流向：

涨潮平均主流速： $$V_f=\sqrt{V_{fN}^2+V_{fE}^2} \tag{1-8}$$

落潮平均主流速： $$V_e=\sqrt{V_{eN}^2+V_{eE}^2} \tag{1-9}$$

涨潮平均主流向： $$D_f=\arctan(V_{fN},V_{fE}) \tag{1-10}$$

落潮平均主流向： $$D_e=\arctan(V_{eN},V_{eE}) \tag{1-11}$$

N 向和 E 向的余流分量为

$$\begin{cases} V_{RN}=(S_{fN}-S_{fE})/(T_f+T_e) \\ V_{RE}=(S_{eN}-S_{eE})/(T_f+T_e) \end{cases} \tag{1-12}$$

余流向： $$D_R=\arctan(V_{RN},V_{RE}) \tag{1-13}$$

采用最大潮流通量来区分涨落潮流矢量不仅能更好地抽取近海海域的主潮流动力轴线，而且还有效降低了个别测点由于各种随机干扰造成的显著误差。在潮流特征值的分析中，一般较为关注的特征值有涨急流速和流向、落急流速和流向、涨潮平均流速和流向、落潮平均流速和流向、余流流速和流向、涨潮流历时和落潮流历时等，同时以上特征值还需要区分所处水深位置，一般水文规范上要求给出表层（0.2h）、中层（0.6h）、底层（0.8h）位置的特征值。河口自动浮标站的潮流观测值一般都在 10 层以上，观测频率高，当需要分析较长时间如半月潮、全月潮、季度潮或更长时段内的特征值时，需要处理的数据量非常巨大。为此，基于提出的主潮通量断面定位算法，采用计算机语言开发相应的数据处理分析平台来实现海量数据的分析。

另外，珠江河口枯季盛行东北季风（9月中下旬至次年4月），洪季盛行西南季风（5月至9月上旬），9月为西南季风转东北季风时段，5月为东北季风转西南季风时段；海面风的自然特征与潮流往复运动具有相似性，因此该主潮通量断面定位算法确定涨落潮主流向的技术思路同样可以应用到海面风的主风向和平均风向确定中，找出最大风通量断面，分别计算该断面两侧风矢量的平均风速、平均风向、持续时长以及净风速和风向（与余流计算方法一致），找出断面两侧的最大风速及其风向。

1.3.4 主潮通量断面定位算法在珠江河口水域的应用示例

将主潮通量断面定位算法应用到珠江河口12座浮标站（A1～A12）洪季和枯季涨落潮主流向、余流及海面风主风向的计算确定中。浮标站观测数据选用2019年7月18日至8月1日洪季和2020年1月23日至2月6日枯季各15d，同步观测数据结果见表1-4和表1-5。得到的洪季、枯季浮标站平均流速分别在51cm/s和42cm/s以内。两河口湾（伶仃洋和黄茅海）和两水道（澳门水道和磨刀门水道）洪季受径流影响显著，落潮流速显著大于涨潮流速，并以两水道内最明显。枯季，径流动力减弱，涨潮流速和落潮流速相差不大；受岸线走向约束，洪季和枯季涨潮和落潮流态相差不大。

表1-4　洪枯季风速风向特征统计表

季节	站点	主风向1					主风向2					净风	
		时段平均风速		最大风速		时长占比/%	时段平均风速		最大风速		时长占比/%	风速值/(m/s)	风向
		风速值/(m/s)	主风向	风速值/(m/s)	风向		风速值/(m/s)	主风向	风速值/(m/s)	风向			
洪季	A1	4.3	ENE	12.9	NNW	37.5	3.0	S	10.3	S	62.5	2.1	SE
	A2	4.0	ENE	17.9	ENE	32.1	3.2	SSE	14.1	ESE	67.9	2.1	SE
	A3	3.8	ENE	15.1	E	48.1	3.2	S	13.5	SW	51.9	2.2	SE
	A4	3.7	ENE	16.6	ESE	41.7	3.3	S	14.7	SE	58.3	2.0	SE
	A5	4.1	E	15.7	S	45.6	2.0	SW	8.7	SSE	54.4	1.3	ESE
	A6	5.0	E	17.4	E	44.6	3.3	SSW	9.5	W	55.4	2.2	SE
	A7	3.5	NE	10.1	E	7.8	4.7	SSW	10.7	SE	92.2	4.1	SSW

续表

季节	站点	主风向1					主风向2					净风	
		时段平均风速		最大风速		时长占比/%	时段平均风速		最大风速		时长占比/%	风速值/(m/s)	风向
		风速值/(m/s)	主风向	风速值/(m/s)	风向		风速值/(m/s)	主风向	风速值/(m/s)	风向			
洪季	A8	3.4	E	17.7	ENE	61.7	2.5	SW	13.6	NW	38.3	1.8	ESE
	A9	5.4	E	19.4	ENE	46.3	2.6	SW	17.3	W	53.7	1.5	ESE
	A10	5.2	ENE	19.5	ENE	48.5	3.2	SW	9.4	SSW	51.5	1.7	ESE
	A11	5.4	ENE	21.3	SSW	31.0	3.5	SSW	23.8	SE	69.0	1.7	SSE
	A12	5.5	NE	17.6	NE	28.2	3.3	SW	10.1	WSW	71.8	0.9	SSW
枯季	A1	5.0	NNE	12.9	NNW	74.7	2.7	SE	8.6	ESE	25.3	3.4	NNE
	A2	5.9	N	17.9	ENE	70.1	3.1	SE	10.2	E	29.9	3.6	NNE
	A3	4.6	N	15.1	E	78.9	2.8	SE	13.5	ESE	21.1	3.3	NNE
	A4	5.6	N	16.6	ESE	71.5	3.1	ESE	10.3	ESE	28.5	3.7	NNE
	A5	2.6	ENE	15.7	E	91.9	2.0	NW	10.1	NNW	8.1	2.4	ENE
	A6	4.9	NNW	17.4	E	50.7	4.4	SE	11.3	ESE	49.3	1.6	NE
	A7	5.0	NNE	10.1	E	96.7	2.9	SE	7.0	ESE	3.3	4.9	NNE
	A8	4.2	NNW	17.7	ENE	72.7	3.0	ESE	8.9	ESE	27.3	2.7	N
	A9	4.3	NNW	19.4	ENE	31.7	4.0	ENE	9.7	ENE	68.3	2.9	NE
	A10	3.6	NNE	19.5	ENE	98.2	0.7	SW	2.2	SSE	1.8	3.5	NNE
	A11	3.9	N	21.3	ESE	23.8	4.6	ESE	12.7	E	76.2	3.4	E
	A12	7.2	NE	17.6	NE	99.9	2.1	SE	3.0	SE	0.1	7.2	NE

表1-5　　洪枯季珠江河口潮流特征统计表

季节	浮标站	涨潮平均流速/(m/s)	涨潮平均流向/(°)	落潮平均流速/(m/s)	落潮平均流向/(°)	余流流速/(m/s)	余流流向/(°)
洪季	A1	0.25	359	0.30	166	0.06	143
	A2	0.32	326	0.36	151	0.07	162
	A3	0.12	342	0.14	184	0.04	211
	A4	0.11	351	0.13	203	0.04	240
	A5	0.10	267	0.21	80	0.19	80
	A6	0.15	349	0.17	173	0.02	184
	A7	0.21	17	0.28	185	0.09	173
	A8	0.21	337	0.51	154	0.41	154
	A9	0.23	271	0.27	142	0.15	166

续表

季节	浮标站	涨潮平均流速/(m/s)	涨潮平均流向/(°)	落潮平均流速/(m/s)	落潮平均流向/(°)	余流流速/(m/s)	余流流向/(°)
洪季	A10	0.14	42	0.41	186	0.33	184
	A11	0.26	331	0.35	149	0.09	147
	A12	0.06	85	0.25	258	0.13	257
枯季	A1	0.21	358	0.24	170	0.03	144
	A2	0.27	324	0.28	152	0.02	244
	A3	0.10	357	0.12	176	0.01	167
	A4	0.21	6	0.26	187	0.02	191
	A5	0.12	264	0.12	86	0.03	259
	A6	0.09	345	0.15	178	0.04	190
	A7	0.15	333	0.35	201	0.29	203
	A8	0.28	338	0.42	155	0.01	122
	A9	0.12	301	0.19	143	0.03	250
	A10	0.28	308	0.35	170	0.11	257
	A11	0.22	328	0.31	153	0.05	165
	A12	0.32	321	0.13	165	0.19	316

洪季，河口湾内盛行SE风，平均风速在2.0m/s左右；外海盛行SSW风，以A7站平均风速最大，达4.1m/s；枯季，伶仃洋水域及其口门外海以NNE风为主，A7站平均风速达4.9m/s；黄茅海水域及口门外海以E风为主，外海平均风速达7.2m/s。因此，珠江口风速存在外海大于河口湾、枯季大于洪季的时空特征。

伶仃洋（A1～A4）浮标站和黄茅海浮标站（A11）余流流速洪季不超过10cm/s、枯季不超过5cm/s，流向均指向外海；澳门水道和磨刀门水道洪季余流分别为19cm/s和41cm/s，显著大于枯季，且洪季、枯季均顺水道指向外海。伶仃洋口门外海A7站余流流速洪季和枯季分别为9cm/s和29cm/s，流向以S～SSW向为主，枯季余流流速显著大于洪季；磨刀门口门外海余流流速洪季显著大于枯季，流向洪季以S～SSE向为主、枯季则为WSW向；黄茅海口门外海A12站洪季、枯季余流流速均较大，W～NW向，枯季流向较洪季更偏北。总体来看，河口湾及水道内余流受径流影响显著，洪季余流流速显著大于枯季，外海受海面风和珠江河口SW向沿岸流影响明显，枯季余流流速大于洪季。

第2章　伶仃洋河口湾洪季动力环境演变及冲淤影响

2.1　伶仃洋河口湾径潮动力研究概述及观测数据

2.1.1　径潮动力研究概述

伶仃洋河口湾（113°30′E～113°54′E，22°06′N～22°42′N）呈NNW—SSE走向的喇叭形，自东向西依次为虎门、蕉门、洪奇沥、横门，其中虎门属潮汐型河口，蕉门、洪奇沥、横门属径流型河口；水下地形存在“三滩两槽”格局，东槽为矾石水道，平均水深9m；西槽为伶仃水道，平均水深18m，是广州港出海航道的主槽，东、西两槽将河口湾分割为东、中、西三滩。21世纪以来，西槽由于广州出海航道等级提升，槽宽向两侧扩展，东槽中下段水深有所加大，中滩在大规模采砂下分割成上部伶仃拦江沙和下部矾石浅滩，东、西槽在中滩中部有贯通之势（应强 等，2019）。伶仃洋西部水沙自蕉门起，沿西南方向输移，沿途接纳洪奇门、横门落潮水沙，经澳门附近水域后向SW方向输运。

从19世纪末至20世纪70年代，伶仃洋河口湾“三滩两槽”格局即已演变成型（赵焕庭，1981），是由上游来水来沙与河口特定岸线边界和潮汐动力相互作用的必然结果（夏真，2005）。从20世纪80年代开始，人类活动诸如滩涂大面积围垦、河网联围筑闸、航道整治及河道采砂等造成伶仃洋河口水域水沙情势、河床地形及岸线边界等发生了显著改变（杨清书 等，2003；谢丽莉 等，2015；胡德礼 等，2010），水域面积较历史减少约35%（赵荻能，2017），中滩从2008年以来则形成了容积达7亿m^3的巨大采砂坑（应强 等，2019）。受此影响，伶仃洋湾口断面涨落潮量较1981年减少4.9%～6.0%（侯庆志 等，2019），河口岸线边界急剧变化致使潮汐不对称现象加剧，浅水分潮M_4振幅总体呈增大趋势（Wong et al.，2003；王宗旭 等，2020）；潮位在落潮时最大减少约0.3m，涨潮时最大增加约0.26m，且涨急流速均呈减小趋势（刘晋涛 等，2020）；港珠澳大桥的建设进一步削弱了伶仃洋河口湾水域的潮汐动力（方神光 等，2011）。与20世纪80年代相比，由东四口门汇入伶仃洋的径流量至90年代末增加32.6%，随后至2007年则减少12.2%，来沙量总体呈减小趋势（谢丽莉等，2015；袁菲 等，2018）。伶仃洋水域潮汐动力和径流动力的变化最终反映在水流运动以及由此引起的冲淤演变，当前采用数学模型和物理模型等手段开展伶仃洋水域潮流动力演变、咸潮入侵等方面的研究极为丰富（陈子燊，1993；陈文彪 等，2013；欧素英 等，2016；韩西军 等，2008；何用 等，2018；何杰 等，2012；陈文彪 等，1999；包芸 等，2005）。本章主要基于伶仃洋水域历年定点同步观测数据和近年实测资料，研究潮周期平均涨潮和落潮流速对潮汐动力、径流动力及其他动力因子的响应机制，据此探讨伶仃洋水域近些年动力变化趋势以及由此对滩槽冲淤规律产生的影响。

2.1.2 洪季水文气象同步观测数据

收集广州港务局于1992年7月、2007年8月和2013年9月（以下分别简称为“92·7”“07·8”和“13·9”）洪季在伶仃洋河口湾三次航道测站的周日同步水文观测数据，其中“92·7”期间布测有15个站点，“07·8”期间布测21个站点，“13·9”期间布测17个站点。这三次同步观测中有7个测点位置相同，分别是矾石站、伶仃1站、伶仃2站、伶仃3站、珠海站、抛泥地站和大濠岛站（表2-1）。三次同步观测期间，流速流向观测采用SLC9-2型直读式海流仪和ADCP/ADP施测，各测点流速、流向每整点测量1次，每次测量历时不少于50s；水深采用液位仪读取数据；各垂线测点数根据实际水深情况采用分层法施测，即当水深$d<5$m时，用三点法（0.2d、0.6d、0.8d）分层观测流速流向；当$5\text{m}\leqslant d<10$m时，用五点法（表层、0.2d、0.6d、0.8d、底层）分层观测；当$d\geqslant10$m时，用六点法（表层、0.2d、0.4d、0.6d、0.8d、底层），其中表层为水面下0.5m，底层为离底0.5m。同期，收集了西江、北江网河区顶端国家重点水文站马口站和三水站基于走航式声学多普勒流速剖面仪ADCP施测得到的逐日流量数据；收集了伶仃洋河口湾大虎站、内伶仃岛站、赤湾站和桂山岛站共五个潮位站自动验潮仪逐时潮位观测数据。

伶仃洋水域“92·7”“07·8”和“13·9”三次同步观测期间上游西江马口站和北江三水站来流以及主要潮位站点潮周期平均潮差，见表2-2。上游来流用两站流量之和（马口站+三水站）代表；考虑洪水从控

表2-1　　历年共同观测点坐标统计表

观测期	站点	纬度	经度
“92·7”“07·8”和“13·9”	矾石站	22°37′56″	113°44′19″
	伶仃1站	22°37′41″	113°42′02″
	伶仃2站	22°29′09″	113°44′27″
	伶仃3站	22°20′38″	113°47′47″
	珠海站	22°14′59″	113°43′50″
	抛泥地站	22°24′54″	113°43′31″
	大濠岛站	22°15′01″	113°48′53″
“07·8”和“13·9”	西滩站	22°35′05.0″	113°41′04.0″
	铜鼓航道站	22°26′48.5″	113°52′33.6″
	外海1站	22°04′00.0″	113°51′46.0″
	外海2站	22°01′05.0″	113°35′12.0″
“92·7”	深圳湾站	22°26′10″	113°53′12″

制水文站演进到伶仃洋水域大概要1d，采用当天与前一天流量的平均值来衡量进入伶仃洋的径流动力强度。3次同步观测期间，以“92·7”大潮期间上游来流量最大，达到18655m^3/s，为珠江河口常遇洪水量级。伶仃洋河口湾潮差较小，平均为0.86～1.69m，属弱潮型，潮汐系数为0.96～1.77，为不正规半日混合潮型，在一个太阴日内出现两次高潮和两次低潮，潮高和潮时存在日内不等现象。从空间分布来看，大虎站、内伶仃岛站、赤湾站和桂山岛站平均潮差呈现由下游向上游递增且东侧大于中部的空间分布特征；内伶仃岛站与赤湾站、桂山岛站潮差之间的相关系数均达到0.998（图2-1），相关性极好；桂山岛站位于伶仃洋口门外侧，受伶仃洋地形地貌影响相对较小，所以选取该站潮周期平均潮差代表外海潮动力强度。

表2-2　　伶仃洋同步观测期间径流和潮差统计

时间			潮周期编号	潮型	各站位潮周期平均潮差/m				上游来流量（马口站+三水站）/(m^3/s)
年份	公历	农历			大虎站	内伶仃岛站	赤湾站	桂山岛站	
1992	7月2日17：00至3日18：00	六月初三至初四	Ⅰ	大潮	2.00	1.83	1.88	1.45	18655
	7月3日18：00至4日19：00	六月初四至初五	Ⅱ	中潮	1.93	1.77	1.83	1.36	16405

续表

时间			潮周期编号	潮型	各站位潮周期平均潮差/m				上游来流量（马口站＋三水站）/(m^3/s)
年份	公历	农历			大虎站	内伶仃岛站	赤湾站	桂山岛站	
2007	8月13日16：00至14日17：00	七月初一至初二	Ⅲ	大潮	1.87	1.58	1.61	1.27	9195
	8月16日8：00至17日9：00	七月初四至初五	Ⅳ	中潮	1.79	1.39	1.44	1.09	10025
2013	9月17日12：00至18日13：00	八月十三至十四	Ⅴ	中潮	1.87	1.45	1.55	1.16	9165
	9月25日11：00至26日12：00	八月廿一至廿二	Ⅵ	小潮	1.34	0.93	1.03	0.78	9865

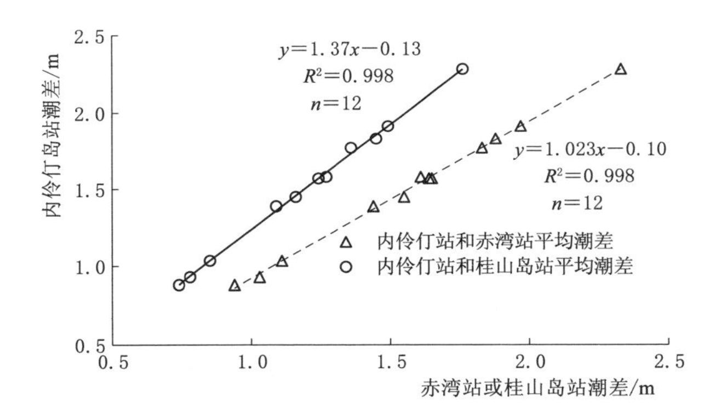

图2-1　伶仃洋主要站点潮差相关性分析

为比较动力因子作用规律的变化，还收集了洪季伶仃洋水域4座浮标站（A1～A4）2018年8月26日至9月10日（农历七月十六至八月初一）共16d的同步观测数据。浮标站使用1MHz浪龙声学多普勒海流剖面仪采集流向、流速、水深等数据，垂向设置为每层0.3～0.5m，垂向测量范围为0.41～25.0m。按珠江河口潮周期24.8h计算，同步观测时长可包含15个完整潮周期。统计各潮周期内上游马口站和三水站来流量之和及下游桂山岛站平均潮差（图2-2）可见，桂山岛潮周期平均潮差随天文潮变化而变化，平均潮差最大值出现在农历八月初一（公历9月9日至10日，第15个潮周期）大潮期间，为1.5m；上游马口站和三水站来流量在10000～18000m^3/s之间变化，最大来流量出现在农历七月二十五至二十六（公历9月4—5日，第10个潮周期）小潮期间。

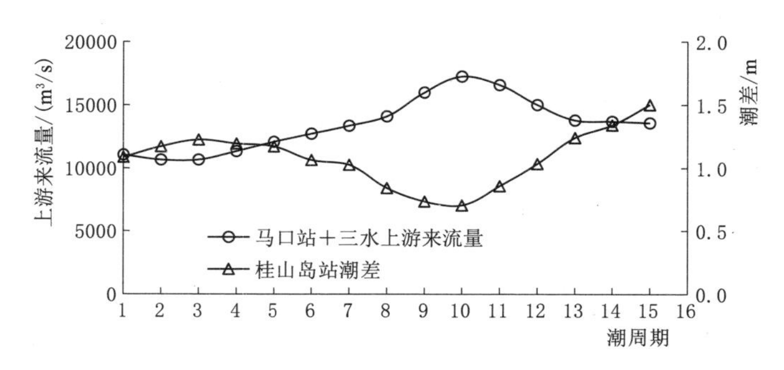

图2-2 A1～A4浮标站同步观测期间上游来流量和下游潮差

2.2 伶仃洋河口湾水动力变化特征

2.2.1 潮周期垂向平均涨落潮流变化规律

“92·7”“07·8”和“13·9”三次同步观测的垂线平均涨潮流和落潮流特征值统计见表2-3。伶仃洋水域内流态总体呈现涨潮流朝北、落潮流朝南；伶仃1站和矾石站（表2-1）流态受岸线约束基本无变化，蕉门南支向南延伸导致西滩站涨落潮流态从2007年的WNW～SE向转变为2013年的NW～SSE向，顺岸变化趋势显著。以金星门—内伶仃—赤湾为界，1992年至2013年6次周日观测中，洪季，分界线以北的内伶仃洋水域潮动力轴线呈顺时针偏转、以南外伶仃洋水域呈逆时针偏转，如：内伶仃洋水域伶仃2站，涨潮流向往东最大偏转29°（第Ⅲ潮周期），落潮流向往西最大偏转25°（第Ⅲ潮周期）；外伶仃洋水域伶仃3站正好相反，涨潮流向往西最大偏转达22°（第Ⅵ潮周期），落潮流向往东最大偏转12°（第Ⅲ潮周期），伶仃洋口外水域测站旋转流明显。除伶仃3站和大濠岛站外，洪季其他站点潮周期落潮平均流速均大于涨潮平均流速，伶仃3站涨潮平均流速始终大于落潮平均流速，大濠岛站潮周期平均涨、落潮流速总体相差不大，仅在上游洪水流量较大时表现落潮流速大于涨潮流速。珠海站水域开阔，水深较浅，位于伶仃洋东四口门洪水向西输送和潮汐主通道的交界位置，径、潮动力相互作用复杂，导致同一水文观测期间2次潮周期涨、落潮主流向相差较大，但涨潮流朝北、落潮流朝南的总规律仍维持不变。

表 2-3　"92·7""07·8"和"13·9"三次同步观测的垂线平均涨潮流和落潮流特征值统计

潮周期	测站	涨潮平均流速/(m/s)	涨潮平均流向/(°)	落潮平均流速/(m/s)	落潮平均流向/(°)
Ⅰ	伶仃 1 站	0.416	349	0.600	170
	伶仃 2 站	0.373	349	0.634	163
	伶仃 3 站	0.416	357	0.389	176
	珠海站	0.443	17	0.454	176
	抛泥地站	0.412	21	0.551	202
	大濠岛站	0.342	2	0.559	175
Ⅱ	伶仃 1 站	0.450	346	0.573	168
	伶仃 2 站	0.435	349	0.593	168
	伶仃 3 站	0.450	359	0.382	176
	珠海站	0.476	318	0.541	151
	抛泥地站	0.446	20	0.554	203
	大濠岛站	0.445	8	0.438	187
Ⅲ	伶仃 1 站	0.276	328	0.454	153
	伶仃 2 站	0.393	18	0.612	188
	伶仃 3 站	0.508	340	0.464	164
	珠海站	0.401	346	0.443	181
	抛泥地站	0.449	4	0.564	192
	大濠岛站	0.502	16	0.494	180
	西滩站	0.362	295	0.477	130
	铜鼓航道站	0.403	357	0.513	165
	外海 1 站	0.146	334	0.280	115
	外海 2 站	0.149	350	0.167	193
Ⅳ	伶仃 1 站	0.218	311	0.417	151
	伶仃 2 站	0.347	9	0.529	187
	伶仃 3 站	0.475	345	0.365	172
	珠海站	0.304	337	0.500	188
	抛泥地站	0.300	2	0.640	197
	大濠岛站	0.438	351	0.374	175
	西滩站	0.333	280	0.449	135
	铜鼓航道站	0.393	341	0.394	162
	外海 1 站	0.204	312	0.188	150
	外海 2 站	0.113	73	0.288	245

续表

潮周期	测站	涨潮平均流速/(m/s)	涨潮平均流向/(°)	落潮平均流速/(m/s)	落潮平均流向/(°)
Ⅴ	伶仃 1 站	0.493	344	0.424	191
	伶仃 2 站	0.332	357	0.554	181
	伶仃 3 站	0.419	342	0.353	172
	珠海站	0.318	9	0.463	180
	抛泥地站	0.439	345	0.599	171
	大濠岛站	0.414	334	0.444	176
	西滩站	0.362	324	0.481	149
	铜鼓航道站	0.326	340	0.368	167
	外海 1 站	0.273	287	0.288	185
	外海 2 站	0.146	319	0.327	218
Ⅵ	伶仃 1 站	0.221	345	0.293	171
	伶仃 2 站	0.236	356	0.319	182
	伶仃 3 站	0.278	337	0.160	191
	珠海站	0.236	341	0.286	211
	抛泥地站	0.235	1	0.363	180
	大濠岛站	0.298	330	0.274	190
	西滩站	0.280	328	0.312	142
	铜鼓航道站	0.214	350	0.155	169
	外海 1 站	0.214	272	0.000	0
	外海 2 站	0.060	346	0.199	235

2.2.2　二元线性回归拟合方程的验证及动力系数变化规律

洪季，潮动力和径流动力主导珠江河口近岸水域水流运动。山潮比被用来辨识珠江河口八大口门类型及水域主导动力因子（陈子燊，1993；陈文彪 等，2013），其他影响因素如海面风、盐度斜压梯度力、科氏力、底部摩擦阻力等均会影响水流动能与势能的转化及耗散（Zhong et al.，2006），引导河口潮流物质的净输移方向（欧素英 等，2016）。为定量区分和探讨潮汐动力、径流动力和其他动力对伶仃洋水域潮流运动的作用规律，结合上游径流量和河口控制水文站潮差，采用线性回归法定量拟合潮流运动特征值与主要动力因子的相关关系，线性回归方程（李静萍，2015）为

$$V_{DF}=a\Delta z+bQ+c \tag{2-1}$$

式中：V_{DF} 为潮周期垂向平均流速，m/s；Δz 为潮周期平均潮差，m；Q 为径流量，m^3/s；a、b、c 分别为潮汐动力作用系数、径流动力作用系数、其他因子综合作用系数，可用来定量剥离和分析水域的动力作用贡献。

采用 1.3 节的方法可计算得到"92・7""07・8"和"13・9"三次同步观测期间的潮周期垂向平均流速（V_{DF}），采用同步观测期间珠江河口桂山岛站（22°8′37.73″N，113°49′5.21″E）的实测值可计算得到 Δz，采用马口站和三水站当天与前一天的日平均流量之和可计算得到 Q。基于 V_{DF}、Δz、Q 系列数据，采用线性回归方法进行拟合，便可得动力作用系数 a、b、c 的值。

选取"92・7""07・8"和"13・9"三次同步观测中 5 个共同测点（矾石站、伶仃 2 站、伶仃 3 站、大濠岛站、抛泥地站）的数据，其中矾石站、伶仃 2 站、伶仃 3 站、大濠岛站沿主槽从上游向河口布置，抛泥地站布置在西滩。采用线性回归拟合方法，得到各测站中 a、b、c 值（表 2-4）。比较拟合值与潮周期实验值（图 2-3），结果表明，拟合值与实测值极为接近且相关性较好，这验证了伶仃洋水域潮周期平均涨潮和落潮流速可通过二元线性拟合来较好地表达。

表 2-4 "92・7""07・8"和"13・9"部分站径潮动力影响线性回归参数统计结果

测站	潮周期涨潮平均流速拟合值				潮周期落潮平均流速拟合值			
	a	b /(10^{-6})	c	R^2	a	b /(10^{-6})	c	R^2
矾石站	0.32	−2.15	0.01	0.90	0.52	−3.64	−0.10	0.91
伶仃 2 站	0.30	−3.55	0.04	0.82	0.59	−10.22	−0.03	0.99
伶仃 3 站	0.42	−15.69	0.12	0.82	0.56	−16.88	−0.11	0.95
大濠岛站	0.36	−18.30	0.21	0.75	0.44	−4.48	−0.04	0.63
抛泥地站	0.45	−10.61	−0.02	0.84	0.44	−16.27	0.22	0.63

沿伶仃洋主槽水域，落潮阶段的潮汐动力作用系数（a）总体大于涨潮阶段，这与伶仃洋喇叭形河口聚能作用相关。在涨潮阶段，口外潮汐动能在向上游传播过程中部分动能转化为势能，如内伶仃站平均潮差比口外桂山岛站潮差增大了 20%～30%（表 2-2），而在落潮阶段，其过程逆转为势能向动能的转换。径流动力作用系数（b）在涨潮阶段和落潮阶段均为负值，其中，在涨潮阶段，径流动力作用系数沿主槽从上游向下游递

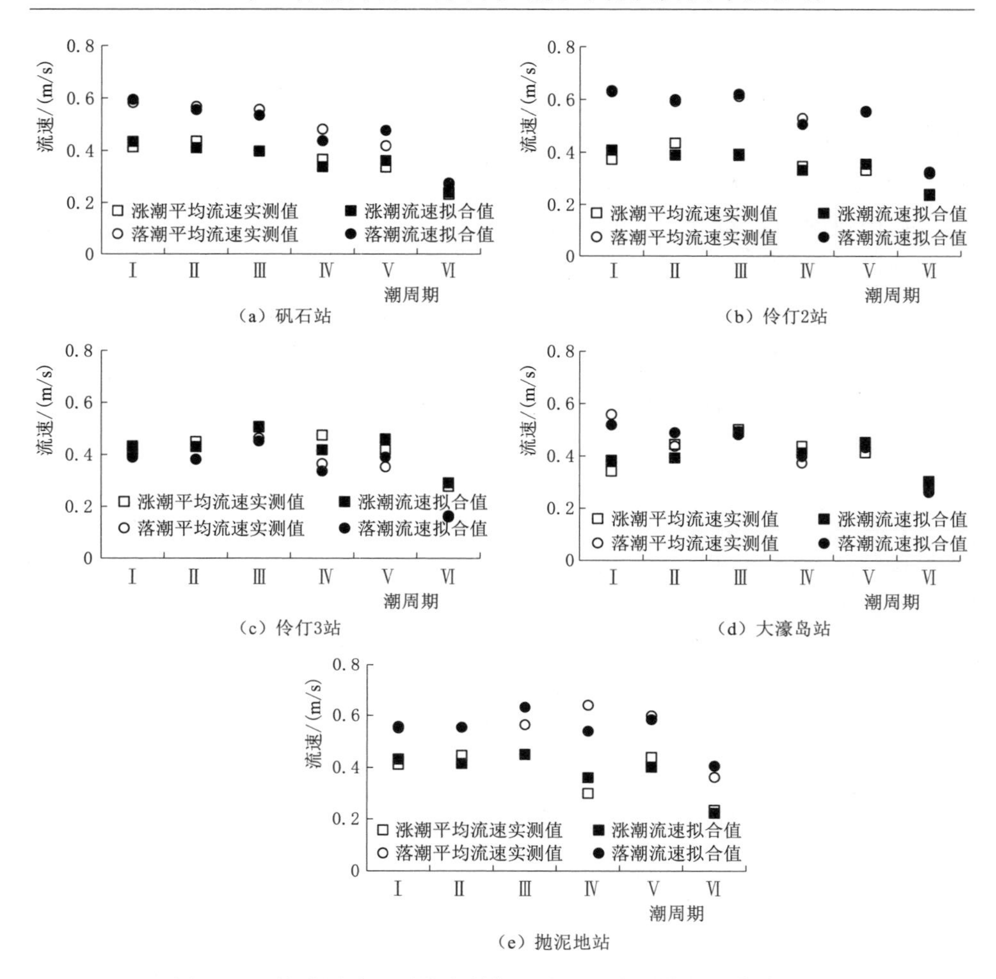

图 2-3　航道测站观测的潮周期平均流速实测值与拟合值比较

减，而在落潮阶段，该系数呈先减小后增大的趋势，这是由西滩洪水径流沿程不断汇入主槽所致。其他动力因子综合作用系数（c）在涨潮阶段为正值而在落潮阶段为负值，且该系数在涨潮阶段往河口方向呈递增趋势，这与洪季盛行西南季风和咸潮运动有关，因为西南季风与涨潮流方向一致而与落潮流方向相反，且风速呈河口湾外大于湾内，同时向下游方向西滩洪水沿程不断汇入主槽也会不断增强底层指向上游方向的盐度斜压密度梯度力。

西滩水域的抛泥地站距伶仃洋湾顶较远，喇叭形河口聚能效应不明显，a 值在涨潮和落潮阶段相差不大。b 值在涨潮和落潮阶段均为负，表明洪季径流形成的冲淡水在西滩以自由漂流状态随潮汐扩散。c 值涨潮阶段为负、落潮阶段为正，与主槽水域变化规律相反，且涨潮阶段的 $|c|$ 很

小且远小于落潮的$|c|$，表明西滩水域其他主导动力因子与主槽明显不同，西滩水域面积广、水深浅、岸线曲折且床面阻力大，因此形成“潮汐捕集”（Fischer，1976）和储能机制（王宗旭 等，2020）导致涨潮时潮水储存聚集、落潮时集中释放，进而导致落潮阶段$|c|$远大于涨潮阶段。

2.2.3 潮周期平均流速中的动力分项贡献分析

为分析各测站涨潮期和落潮期平均流速中径流贡献与潮汐贡献之比$(bQ)/(a\Delta z)$随径流量的变化特征，选取桂山岛站的潮差值，大潮、中潮、小潮平均潮差实测值分别为1.6m、1.2m和0.8m，上游来流量分别采用$0m^3/s$、$5000m^3/s$、$10000m^3/s$、$15000m^3/s$和$20000m^3/s$，根据拟合系数值（表2-4），得到涨潮期和落潮期各测站$(bQ)/(a\Delta z)$—Q关系（图2-4和图2-5）。结果显示，伶仃洋河口湾潮周期平均流速中径流动力的负贡献占比随来流量增加呈线性增大趋势，且潮汐动力越小，径流动力负贡献占比越大。这说明往年洪季不论涨潮阶段还是落潮阶段，进入伶仃洋河口湾的洪水径流以随潮运动为主，削弱了河口湾内的潮流速。

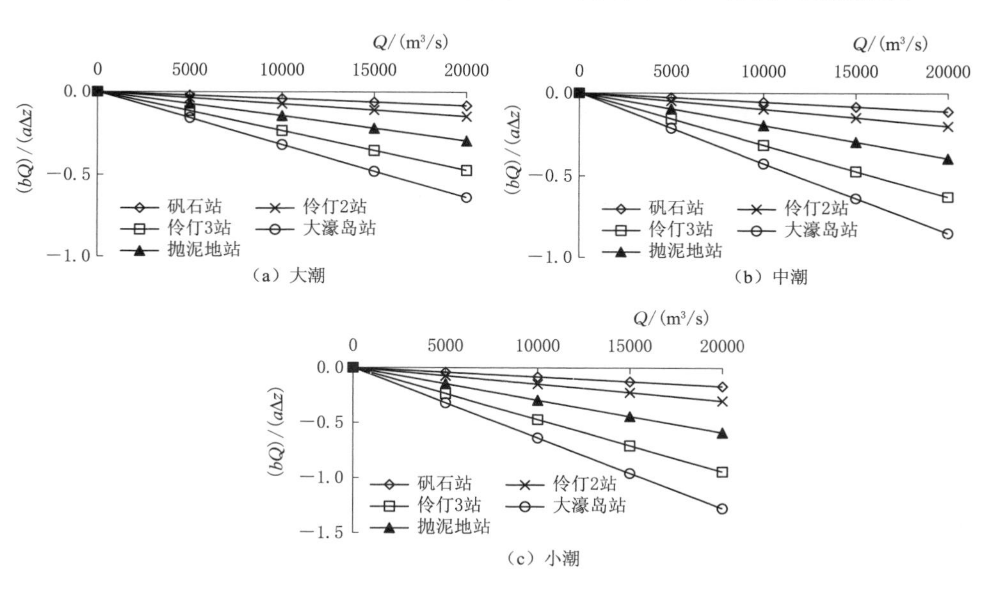

图2-4 涨潮期平均流速中的$(bQ)/(a\Delta z)$—Q关系

统计图2-4和图2-5中涨潮期和落潮期的$(bQ)/(a\Delta z)$—Q关系线斜率k_f和k_e（表2-5）。涨潮期，沿主槽水域越往下游，k_f越小，径流影响越显著；小潮期且上游来流量为$20000m^3/s$时，大濠岛站水域出现

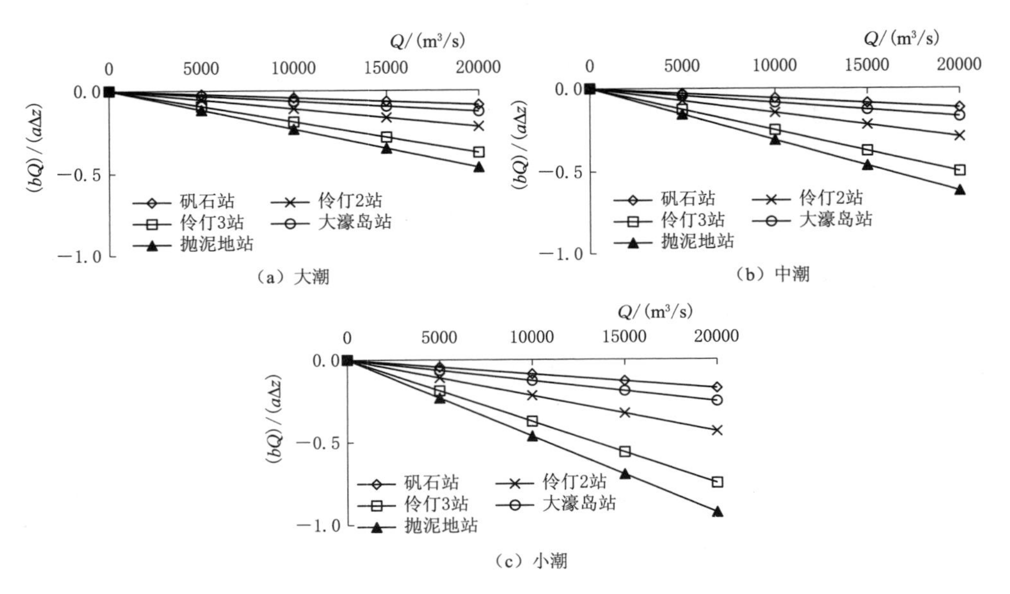

图 2-5　落潮期平均流速中的 $(bQ)/(a\Delta z)$—Q 关系

$|bQ|>a\Delta z$，说明潮汐动力不足以驱动涨潮流；但上游来流量越大，主槽纵向盐度密度差形成的斜压梯度力越大，咸潮上溯动力也越强劲，叠加河口西南季风作用，同样能驱动涨潮流，如大濠岛站 $|c|$ 最大，达到 0.21（表 2-4）。落潮期，主槽水域以伶仃 3 站 k_e 最小，径流动力影响最大，小潮期间上游来流为 20000m^3/s 时，该水域落潮流速接近 0，泥沙极易落淤；西滩水域抛泥地站斜率 k_e 均小于主槽其他测站，说明径流影响较主槽更强，小潮期间来流 20000m^3/s 时，径流动力对落潮流速的负贡献基本抵消了潮汐动力作用，但西滩的"潮汐捕集"机制形成的落潮水位差仍会驱使潮流继续向口外运动，体现其作用的 c 值达到最大 0.22（表 2-4）。

表 2-5　"92·7""07·8"和"13·9"涨潮期和落潮期的 $(bQ)/(a\Delta z)$—Q 关系线斜率 k_f 和 k_e

潮型	砜石站		伶仃 2 站		伶仃 3 站		大濠岛站		抛泥地站	
	涨潮期 k_f	落潮期 k_e	涨潮期 k_f	落潮期 k_e	涨潮期 k_f	落潮期 k_e	涨潮期 k_f	落潮期 k_e	涨潮期 k_f	落潮期 k_e
大潮	−0.4	−0.4	−0.7	−1.0	−2.0	−2.0	−3.0	−0.6	−1.0	−2.0
中潮	−0.6	−0.6	−1.0	−1.0	−3.0	−2.0	−4.0	−0.8	−2.0	−3.0
小潮	−0.8	−0.9	−1.0	−2.0	−5.0	−4.0	−6.0	−1.0	−3.0	−5.0
平均	−0.6	−0.6	−0.9	−1.3	−3.3	−2.7	−3.0	−0.8	−2.0	−3.3

2.3 近年伶仃洋水域洪季径潮动力特征变化分析

2.3.1 浮标站径潮动力作用线性回归拟合及验证

为分析近年伶仃洋河口湾洪季径潮动力作用规律，采用伶仃洋水域A1～A4站2018年8月26日至9月10日实测数据，得到A1～A4站的a、b、c（表2-6）。由A1～A4站潮周期平均流速的拟合值和实测值的比较结果（图2-6）可知：两者差别基本都在10%以内，因此证实了采用线性回归方法能很好地拟合近年伶仃洋水域洪季潮周期平均流速的变化特征，亦说明洪季半月时段内的潮周期垂向平均流速随天文潮呈周期性变化，表现出潮型越强、流速越大的特征；位于矾石水道的A1站的涨潮平均流速和落潮平均流速相差不大，位于横门汇合延伸段水域的A2站的涨潮平均流速大于落潮平均流速，位于西滩水域的A3站和位于主槽水域的A4站均为落潮平均流速大于涨潮平均流速。比较各站潮周期平均流速大小，以A2站所处的水域涨潮平均流速最大，A3站的落潮平均流速最大。

表2-6　A1～A4站径潮动力影响线性回归参数统计

测站	涨潮期				落潮期			
	a	b /(10^{-6})	c	R^2	a	b /(10^{-6})	c	R^2
A1	0.25	−10.67	0.18	0.93	0.24	4.92	−0.01	0.90
A2	0.27	−22.81	0.44	0.97	0.30	2.42	0.00	0.96
A3	0.24	−21.22	0.40	0.88	0.38	7.26	−0.07	0.84
A4	0.20	−9.54	0.20	0.97	0.32	22.01	−0.27	0.84

2.3.2 近年伶仃洋水域径潮动力作用特征讨论

伶仃洋水域岸线变动及围填海主要发生在2015年之前，2000年左右岸线增长和围填海速度最快，2008—2015年岸线趋于稳定，但工业填海面积达到最大，主要出现在深圳宝安国际机场扩建工程海域（张晓浩 等，2016）。水深和地形变化主要发生在2012年之前，原因为伶仃洋出海航道三期疏浚工程施工及中滩挖沙（应强 等，2019；李孟国 等，2021）。2015年之后伶仃洋岸线及滩槽水深趋于稳定，2017年港珠澳大桥建成后对伶仃洋水域动力环境也存在一定的影响（方神光 等，2011）。近年伶仃洋水域

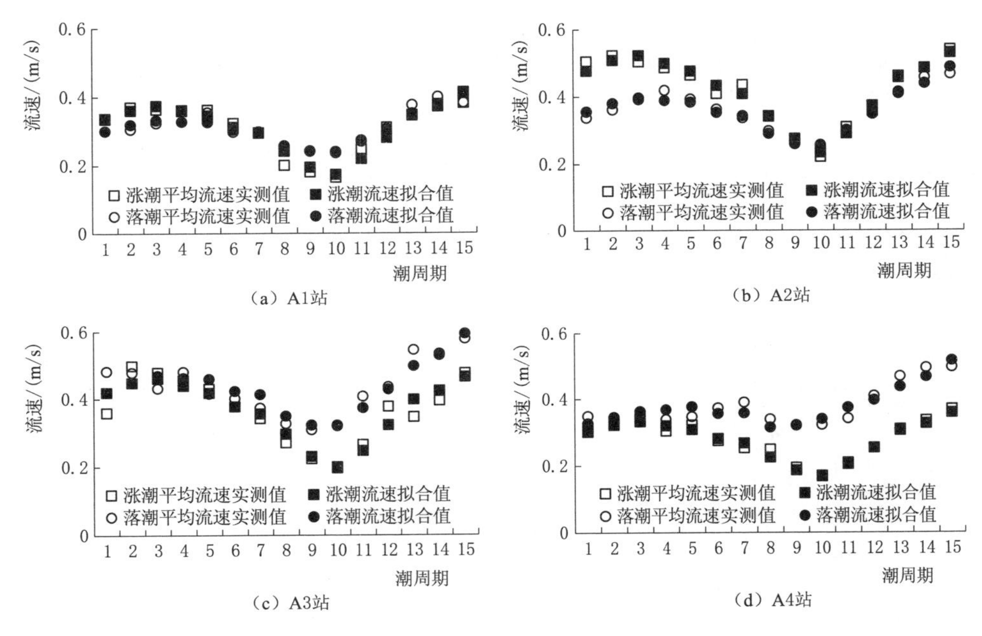

图 2-6　近年浮标站的潮周期平均流速实测值与拟合值比较

布设的观测站中，A1 站和矾石站均位于矾石水道，两站距离约 7.0km。内伶仃岛东北侧主槽水域 A4 站位于伶仃 2 站下游，相距约 4.1km。西滩 A3 站与抛泥地站直线距离约 4.0km。本章通过比较处于相同水域附近的 A1 站—矾石站、A3 站—抛泥地站和 A4 站—伶仃 2 站之间的径流动力和潮汐动力影响作用系数变化，来探讨伶仃洋河口湾主要动力因子作用的变化规律，结果如图 2-7 所示。

伶仃洋河口湾近年和历年潮汐动力作用系数 a 值均为正（图 2-7），但近年得到的 a 值较历年结果呈明显减小趋势，说明伶仃洋水域涨落潮流速与潮汐动力正相关的规律不变，但潮汐动力对湾内水域涨潮和落潮流速的影响在显著下降，其原因与伶仃洋水域航道整治、中滩采砂以及滩槽冲刷等（何用 等，2018）造成的河口湾水深增大密切相关，同时港珠澳大桥也在一定程度上削弱了湾内潮汐动力（何杰 等，2012）。近年，伶仃洋河口湾水域径流动力作用系数 b 值涨潮期为负值、落潮期为正值，与以往均为负值呈现明显差异，说明近年来径流动力对河口湾流速的作用规律较以往发生了明显变化，当前径流动力对涨潮流速和落潮流速的作用更多地呈现河道水流动力特征，这与近些年围垦及水深增大导致伶仃洋河口湾朝窄深型发展趋势密切相关。近年和历年，主槽水域（含矾石水道）的 c 值均呈

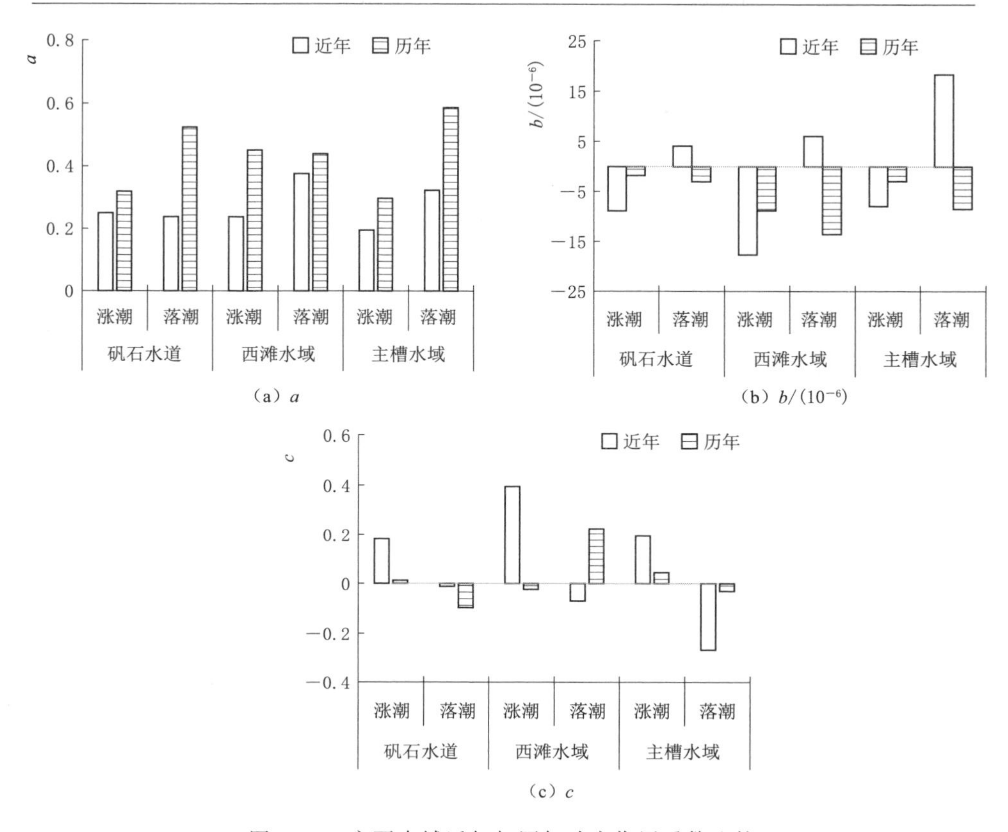

图 2-7 主要水域近年与历年动力作用系数比较

涨潮期为正值、落潮期为负值，但近年$|c|$值显著增大，说明洪季珠江河口季风、主槽盐度斜压密度梯度力等因素对潮流速作用规律不变，但其影响较以往明显增强，同样与近些年伶仃洋主航道整治导致水深增大密切相关；近年来，西滩水域的 c 值呈现涨潮期为正值、落潮期为负值，较历年发生逆转，表明近些年由潮滩围垦及冲刷加深等导致伶仃洋西滩的潮汐捕集和储能作用正在减弱（王宗旭 等，2020）。

2.4 洪季径潮动力变化对伶仃洋水域泥沙冲淤影响的讨论

2.4.1 河口临界径流量

珠江河口东四口门洪季输入伶仃洋水域的径流量和泥沙量分别约占全年输入总量的 80％和 90％（韩西军 等，2008），且约 60％的泥沙淤积在伶仃洋湾内（陈文彪 等，1999）。上游径流由东四口门进入伶仃洋后，受密度分层影响，以冲淡水形态由表层随潮流向东和向西扩散，并以向西扩展为主（陈希荣 等，2018）。结合径流动力作用系数 b 均为负，说明进入伶仃洋水域的淡水径流主要以“搭车”的形态随潮汐运动，在动量守恒条件下，潮流速会相应减小。洪水期，大量泥沙随径流进入伶仃洋水域，若径流量大且潮汐动力弱，会显著削弱伶仃洋湾内潮流速，极易导致泥沙落淤。伶仃洋河口水域以悬移质为主（吴门伍 等，2012），年平均含沙量为 0.1～0.2kg/m^3，平均中值粒径约 6μm（李孟国 等，2021）。罗肇森等（1997）的适应浮泥起动公式为

$$V_c=\left[0.43d^{3/4}+0.022\frac{(\gamma_w-0.8)^4}{d}\right]^{1/2}H^{1/5} \tag{2-2}$$

式中：V_c 为起动流速，m/s；d 为泥沙粒径，mm；H 为水深，m；γ_w 为湿容重，kN/m^3。

采用实测大潮、中潮、小潮平均水深，计算泥沙起动流速 V_c。西滩水域抛泥地站泥沙起动流速约为 0.35m/s；主槽水域为 0.35～0.45m/s，并以主槽下游大濠岛站最大。将泥沙起动流速作为河床冲淤的临界值，在给定潮差后，由线性回归方程反推伶仃洋水域各站的临界径流量 Q_c：

$$Q_c=\frac{V_c-a\Delta z-c}{b} \tag{2-3}$$

式中：符号意义同前。

采用桂山岛站的潮差值，大潮、中潮和小潮的潮差值分别取 1.6m、1.2m 和 0.8m，结合拟合参数值（表 2-4），由线性回归方程计算各站径流量临界值 Q_c，结果见表 2-7。在潮差不变时，上游径流量小于 Q_c，悬沙不易落淤，反之则会形成淤积；当计算的 Q_c 小于 0.00 时，全部以 0.00 代替（表 2-7），表示任何径流量下，都会形成淤积。除伶仃 3 站外，Q_c 均为落潮大于涨潮，说明伶仃洋大部分水域在涨潮阶段比落潮阶段更容易出现泥沙落淤；伶仃 3 站的 Q_c 为落潮小于涨潮，说明该站所处位置的外伶仃洋主槽段在落潮阶段更容易出现淤积，原因与主槽沿线两侧径流不断汇入密切相关。Q_c 还呈现大潮＞中潮＞小潮的特征，说明潮汐动力越弱，伶仃洋河口湾内泥沙越容易落淤，如小潮落潮阶段，主槽水域沿线站点 Q_c 值基本为 0，涨潮阶段的 Q_c 值基本不超过 5000m^3/s，西滩水域抛泥地站涨潮阶段的 Q_c 值都为 0。

表 2-7　　"92·7""07·8"和"13·9"观测期的 Q_c　　单位：万 m^3/s

测站		矾石站		伶仃 2 站		伶仃 3 站		大濠岛站		抛泥地站	
潮流流态		涨潮	落潮	涨潮	落潮	涨潮	落潮	涨潮	落潮	涨潮	落潮
Q_c	大潮	6.75	9.99	4.59	15.54	2.58	2.43	1.91	5.33	3.25	3.53
	中潮	0.90	4.29	1.27	3.11	1.43	1.02	1.18	1.60	1.53	2.43
	小潮	0.00	0.00	0.00	0.83	0.38	0.00	0.50	0.00	0.00	1.38

2.4.2　洪季伶仃洋水域冲淤变化规律讨论

洪水期，珠江河口的洪水主要来自西江和北江，多年平均洪水流量 Q_{ave} 为 $8800m^3/s$，多年平均洪峰流量 Q_{fp} 为 $37240m^3/s$（欧素英 等，2016），与临界流量 Q_c（表 2-7）进行比较，结果见表 2-8。表 2-8 中应用 Q_c 与来流量之差表示是否会出现淤积，若 $Q_c-Q_{ave}>0$ 或 $Q_c-Q_{fp}>0$，表示不会形成淤积；反之，若 $Q_c-Q_{ave}<0$ 或 $Q_c-Q_{fp}<0$，则会形成泥沙落淤。当上游来流量为多年平均洪水流量 Q_{ave} 时，小潮期间，伶仃洋主槽水域都容易形成淤积，西滩水域淤积主要出现在小潮期涨潮阶段；大潮期和中潮期的伶仃洋水域泥沙都不容易落淤。当上游出现多年平均洪峰流量 Q_{fp} 时，中潮期和小潮期的伶仃洋河口湾边滩和主槽水域都会出现泥沙淤积；大潮期间，伶仃洋主槽水域淤积主要出现在外伶仃洋段，西滩水域涨潮阶段和落潮阶段均处于淤积状态。因此，通过引入临界流量 Q_c 的概念，较好地揭示了以往伶仃洋水域的冲淤变化规律；但 3 次同步观测期间（"92·7""07·8"和"13·9"），上游最大来流量均未超过 $20000m^3/s$，因此，得到的回归方程及参数表 2-4 的适用性有待进一步检验。另外，夏季伶仃洋水域悬浮泥沙平均浓度为 $0.03kg/m^3$（贾淇文等，2021），空间分布上呈现"西高东低，北高南低，槽低滩高"的态势，因此，有关伶仃洋边滩和主槽水域的冲淤规律，本章主要针对存在泥沙淤积的动力环境。

表 2-8　　临界流量与特征流量比较后的冲淤趋势

测站		矾石站		伶仃 2 站		伶仃 3 站		大濠岛站		抛泥地站	
潮流流态		涨潮	落潮	涨潮	落潮	涨潮	落潮	涨潮	落潮	涨潮	落潮
多年平均洪水流量	大潮	不淤	不淤	不淤	不淤	不淤	不淤	不淤	不淤	不淤	不淤
	中潮	不淤	不淤	不淤	不淤	不淤	不淤	不淤	不淤	不淤	不淤
	小潮	淤	淤	淤	淤	淤	淤	淤	淤	淤	不淤

续表

测站		矾石站		伶仃 2 站		伶仃 3 站		大濠岛站		抛泥地站	
潮流流态		涨潮	落潮	涨潮	落潮	涨潮	落潮	涨潮	落潮	涨潮	落潮
多年平均洪峰流量	大潮	不淤	不淤	不淤	不淤	淤	淤	淤	不淤	淤	淤
	中潮	淤	淤	淤	淤	淤	淤	淤	淤	淤	淤
	小潮	淤	淤	淤	淤	淤	淤	淤	淤	淤	淤

近些年对伶仃洋河口湾流速的影响呈现潮汐动力作用减弱、径流动力影响增强的变化趋势，主要与伶仃洋水域近些年水深、地形变化密切相关。与 20 世纪相比，珠江河口上游来沙量显著减少约 70%（张子昊 等，2020）；伶仃洋水域面积减少约 22%，分维数和形状指数下降，束窄率上升（宫清华 等，2019），河槽容积增加 11.4 亿 m^3，以中滩下切最为明显，平均下切 3.7m，局部下切达 20m（何用 等，2022）；表明伶仃洋河口湾逐渐演变为窄深型的“伶仃河”或“伶仃湖”，这导致径流动力对河口湾内水流运动的作用方式较以往发生了根本性转变，洪水期进入河口湾的冲淡水由以往的“搭车”形态变为“开车”形态，致使河湖型水流动力特征显著。因此，伶仃洋河口湾边滩和主槽冲淤变化规律较以往相应发生改变，结合泥沙起动的临界流量概念，当前在河口湾内，涨潮阶段和落潮阶段均呈潮汐动力越小越容易落淤；涨潮阶段，上游径流量越大越容易落淤；落潮阶段，径流量越大反而越容易冲刷。

2.5 小结

基于伶仃洋河口湾历年航道测站同步观测数据和近年浮标站实测水文数据，采用二元线性回归法拟合了潮周期平均流速与上游来流量和平均潮差之间的关系，结果表明，拟合值与实测值符合好且相关性高，证实了该方法的有效性。通过定量剥离出潮汐动力、径流动力和其他动力因子对潮周期平均流速的影响系数，系统分析了伶仃洋河口湾主要动力因子的作用规律。

分析历年航道测站同步观测数据对洪季伶仃洋河口湾潮周期平均流速的影响中，反映潮汐动力作用系数 a 始终为正值，说明潮汐动力越强湾内流速越大；反映径流动力作用系数 b 始终为负值，呈现上游来流量越大湾内流速越小。受伶仃洋喇叭形河口沿程势能与动能相互转化，落潮阶段主槽水域内潮汐动力对流速的贡献大于涨潮阶段。随着主槽沿程不断接纳西滩径流的汇入，径流动力对主槽水域流速的削弱不断增强。其他动力因子对西滩和主槽水域流速的贡献呈现不同的作用规律，主槽水域的其他动力综合作用系数 c 涨潮阶段为正值、落潮阶段为负值，与咸潮入侵及西南季风密切相关；西滩水域 c 涨潮阶段为负值、落潮阶段为正值，与西滩岸线及床面阻力形成的“潮汐捕集”和储能机制有关。引入临界径流量的概念来分析伶仃洋河口湾冲淤规律，内伶仃洋主槽及西滩水域在涨潮阶段更容易形成泥沙落淤，外伶仃洋主槽水域落潮阶段更容易形成淤积；潮汐动力越弱，河口湾水域越容易发生淤积，其中小潮期主槽以泥沙落淤为主，西滩主要出现在涨潮阶段。

比较来看，近年来，伶仃洋河口湾潮周期平均流速与潮汐动力正相关的规律不变，但洪季潮汐动力对河口湾潮流速的驱动作用在减弱；径流动力作用较历年发生明显变化，进入河口湾的冲淡水由以往的“搭车”形态变为指向河口湾外海方向的“开车”形态；主槽水域内的其他动力因子对潮流速呈涨潮阶段为正贡献、落潮阶段为负贡献的规律不变，但其作用强度有显著增强趋势；其他动力因子对西滩水域的潮流速作用规律较历年发生逆转，呈现涨潮期为正贡献、落潮期为负贡献，这说明浅滩固有的潮汐捕集和储能作用被显著削弱。主要动力因子对潮流速作用规律的变化均与伶仃洋河口湾由于围垦及滩槽整体冲刷下切致使朝窄深型河湖动力特征演变相关，因此，洪季伶仃洋河口湾潮汐动力越小越容易落淤的规律不变，但径流动力增强变化为涨潮阶段更易落淤、落潮阶段更易冲刷，明显有别于往年的不论涨潮阶段还是落潮阶段河口湾均以落淤为主的特征。

第3章　洪枯季伶仃洋河口湾动力及余流特征比较

3.1　伶仃洋河口湾余流研究概述和观测数据

3.1.1　余流特征研究概述

伶仃洋河口湾“三滩两槽”格局从19世纪末开始逐步演变成型（赵焕庭，1981），20世纪80—90年代，李春初（1982；1997）对潮汐作用为主的珠江河口三角洲动力特征开展了分析，阐释了河流优势型、潮汐优势型、波浪优势型三大类型河口动力自动调整特征及其与地形地貌特征形成机制。余流主要包括风海流、密度流、径流和潮余流等（Prandle，2009），其与去掉周期性潮汐之后的余水位具有一定的对应关系（杨正东 等，2021），总体指示近岸水域物质净输运强度（Cao et al.，2019；Schulz，et al.，2017；Xu et al.，2020）。赵焕庭（1981）揭示了伶仃洋水域表层余流流向大多数为偏南，主要由河口较为强劲的下泄径流所致。韩保新等（1992）较早构建了整个珠江河口海区的潮汐动力数学模型，显示内伶仃洋余流值为3～26cm/s，虎门受地形和科氏力影响指向南，过内伶仃岛后往西偏转。陈子燊（1993）将伶仃洋河口湾及邻近陆架余流分解为净平流、潮抽吸与净环流输运，显示洪季纵向净环流输运是盐分纵向上溯的控制因子，其余季节以向海净平流输运为主，悬沙净通量受净平流及潮抽吸输运控制，两者方向相反。肖志建（2012）揭示珠江河口及近岸区域10m以浅泥沙向N和SW运移，与冲淡水受科氏力影响向SW扩散的余流方向一致。林若兰等（2020）分析显示，N风和NE风能加强伶仃洋水域深槽垂向环流，浅滩余流也相应增强，E风总体起到抑制作用。因此，余流动力机制方面的理论研究和应用成果较为成熟和丰富，内伶仃洋水域地处大湾区核心地带，其滩槽演变及水沙环境方面的问题受到高度重视（李孟国等，2019）。

基于内伶仃洋水域布设的四座河口浮标观测站观测数据，探讨该水域半月时段内的余流特征及主要动力因子作用规律，为河口湾治理和保护提供基础支撑。

基于物质通量法（肖志建，2012；林若兰 等，2020；李孟国 等，2019），余流可分为欧拉余流、斯托克斯余流和拉格朗日余流，计算公式为

$$Q=\frac{1}{T}\int_{0}^{T}\int_{0}^{h}u\,\mathrm{d}z\,\mathrm{d}t=h_{0}(\overline{u_{\mathrm{E}}}+\overline{u_{\mathrm{S}}})=h_{0}\overline{u_{\mathrm{L}}} \tag{3-1}$$

式中：Q 为单宽潮通量，$\mathrm{m^3/s}$；T 为潮周期，min；z 为垂向坐标，m；t 为时间，min；u 为任一时刻垂向坐标 z 位置的实测流速，m/s；$\overline{u_{\mathrm{E}}}$ 为欧拉余流，m/s；$\overline{u_{\mathrm{S}}}$ 为斯托克斯余流，m/s；$\overline{u_{\mathrm{L}}}$ 为拉格朗日余流，m/s；h_0 为潮周期（或分析时段）平均水深，m；h 为任一时刻实测水深，m。

欧拉余流为空间固定地点的平流净输移，主要由长周期内的径流、潮流与地形的非线性作用及科氏力等相对固定作用力形成；斯托克斯余流则是潮流变化项与水深变化项的潮周期相关值。因此，欧拉余流和斯托克斯余流的区分与分析时段长度及水域位置关系较为密切。拉格朗日余流包含欧拉余流以及斯托克斯余流，完整地给出一个流体元的物质净输移。

3.1.2 洪枯季水文气象同步观测数据

收集了内伶仃洋水域4座浮标站（A1～A4）2018年8月26日至9月10日（农历七月十六至八月初一）洪季和2018年11月23日至12月8日（农历十月十六至十一月初二）枯季各16d时长的同步观测数据。按珠江河口潮周期时长24.8h计算，同步观测时长可分为15个完整潮周期。

图3-1统计了洪季、枯季各潮周期内上游马口站和三水站来流量之和及内伶仃岛站平均潮差，内伶仃岛站潮周期平均潮差随天文潮变化，洪季最大出现在农历八月初一大潮为1.93m，枯季最大出现在农历十月十七大潮为1.69m；半月时段内洪季、枯季内伶仃岛站平均潮差分别为1.35m和1.38m，相差很小。洪季，上游马口站和三水站来流量在10000～18000$\mathrm{m^3/s}$之间变化，最大流量出现在9月4—5日小潮期间；枯季，上游两站来流量之和在10000$\mathrm{m^3/s}$左右，变化幅度很小，较为稳定。A4站观测了海面以上2m的风速风向数据，采用的设备型号为GILL GMX500风速风向仪，观测频次为每10min 1次。观测期间洪季、枯季潮周期平均风速矢量如图3-2所示，洪季以SE风～SW风为主，最大潮周期平均风速为6.85m/s，正S风，出现在第5个潮周期；枯季NE风和E风平均各占一半，最大潮周期平均风速7.85m/s，N风，出现在第15个潮周期。

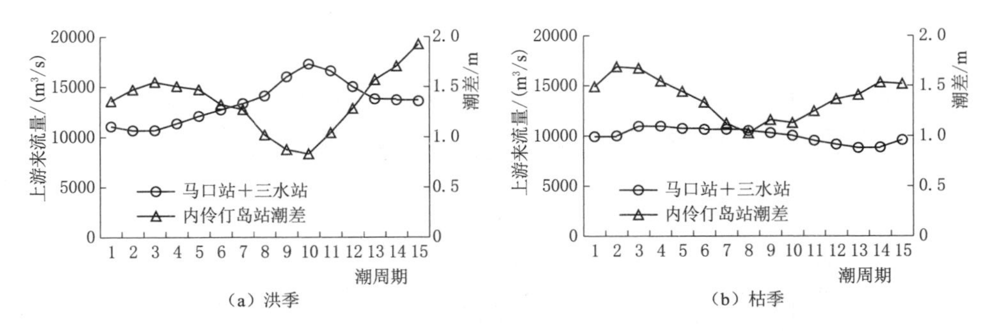

图 3-1　A1～A4 站同步观测期间上游来流和下游潮差

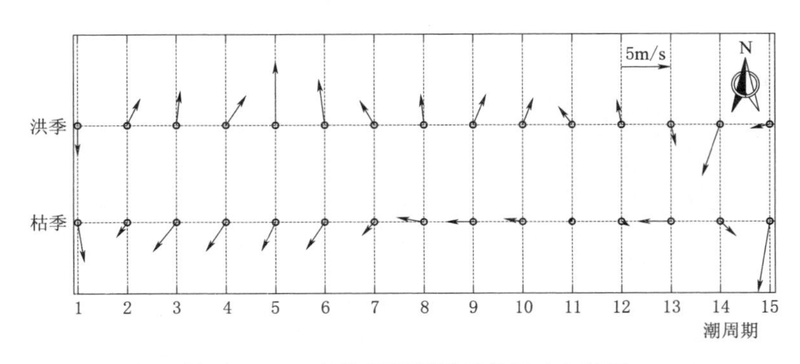

图 3-2　A4 站海面潮周期平均风速矢量图

3.2　洪枯季伶仃洋河口湾动力特征差异比较

3.2.1　洪枯季潮周期平均流速回归分析方法验证

洪枯季半月时段垂向平均潮流矢量特征值统计见表 3-1。内伶仃洋水域流态总体呈涨潮流朝北、落潮流朝南，洪、枯季流态变化不大，其中西滩水域枯季涨潮、落潮流向较洪季都略朝西偏。洪季、枯季涨落潮流速在 25～45cm/s 之间，该水域滩槽定点实测流速较往年有减小趋势（陈文彪 等，2013），但伶仃洋整体水域流速变化还有待深入研究。主槽水域（A1 站和 A4 站）呈落潮大于涨潮，横门出口延伸段（A2 站）呈涨潮大于落潮，西滩水域（A3 站）涨潮、落潮流速基本相当。除西滩水域洪季半月平均涨潮、落潮流速显著大于枯季，其他水域洪季、枯季流速相差不大。

表 3-1　　洪枯季半月时段垂向平均潮流矢量特征值统计表

季节	浮标站	涨潮平均流速/(m/s)	涨潮平均流向/(°)	落潮平均流速/(m/s)	落潮平均流向/(°)	余流流速/(m/s)	余流流向/(°)
洪季	A1	0.309	355	0.309	170	0.017	114
	A2	0.420	328	0.355	153	0.026	199
	A3	0.370	356	0.428	174	0.083	170
	A4	0.279	358	0.372	190	0.097	205
枯季	A1	0.290	351	0.323	168	0.015	144
	A2	0.410	326	0.351	151	0.015	241
	A3	0.248	351	0.250	184	0.030	291
	A4	0.268	7	0.349	187	0.049	185

基于主潮动力算法统计 A1～A4 站洪季、枯季各 15 个完整潮周期的平均涨潮流速和平均落潮流速，与采用二元线性回归法得到的拟合值进行比较，结果如图 3-3 和图 3-4 所示，显示拟合值与实测值吻合较好，洪季误差大多数在 5%以内，枯季大多在 10%以内。总体来看，洪枯季潮周期涨潮、落潮平均流速均不超过 60cm/s，除西滩水域 A3 站洪季受径流增强导致涨潮、落潮流速较枯季迅速增大外，其他站洪季、枯季潮周期平均流速相差较小。平面上，洪季潮周期涨潮平均流速最大出现在横门延伸段

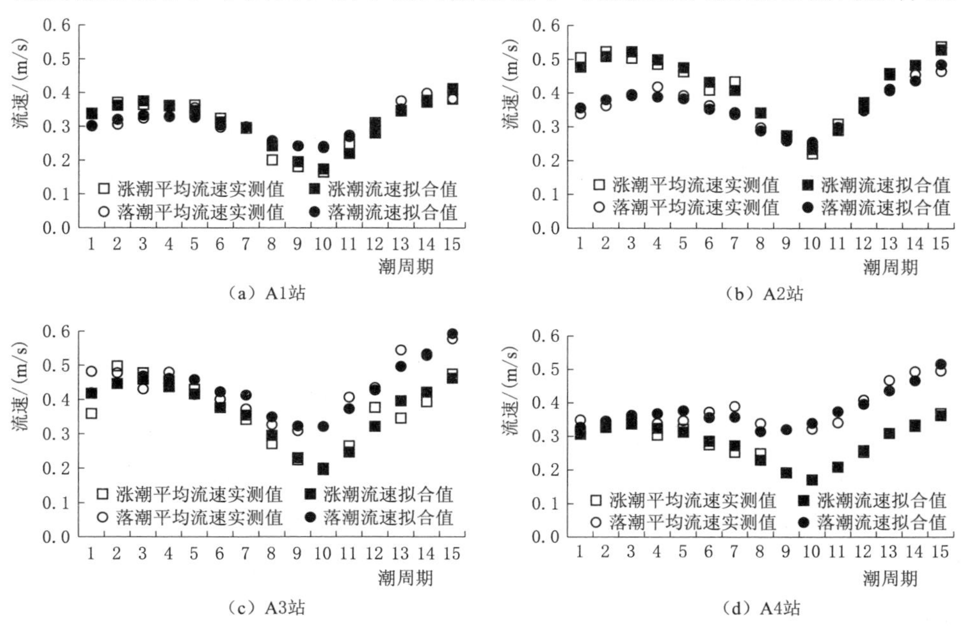

(a) A1站　(b) A2站　(c) A3站　(d) A4站

图 3-3　洪季潮周期平均流速实测值与拟合值比较

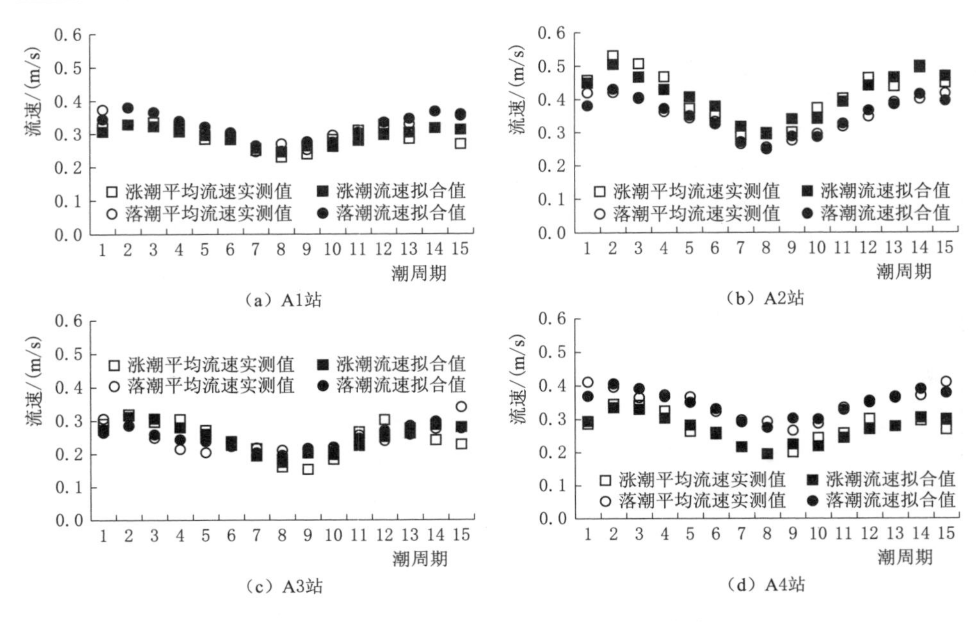

图3-4　枯季潮周期平均流速实测值与拟合值比较

水域，落潮出现在西滩水域；枯季最大潮周期涨潮、落潮平均流速均出现在横门延伸段水域。采用皮尔逊法分析了洪枯季各站涨潮、落潮拟合值与实测值的 R^2，结果见表3-2。由表3-2可见，R^2 均在0.60以上，总体能反映河口主要作用力对潮流运动的物理规律，其中洪季相关性好于枯季，这与枯季径流动力影响减弱导致其他非线性影响因子作用增强有关。因此，综合分析来看，潮周期平均流速可以较好地采用径流动力作用系数、潮汐动力作用系数和他动力因子综合作用系数（a、b 和 c）进行多元线性表达，并以此分解各动力因子的作用机制。

表3-2　基于艾尔逊法的拟合值与实测值的相关系数 R^2 结果

浮标站	洪季 R^2		枯季 R^2	
	涨潮期	落潮期	涨潮期	落潮期
A1	0.93	0.90	0.61	0.88
A2	0.97	0.96	0.60	0.93
A3	0.88	0.84	0.65	0.61
A4	0.97	0.84	0.83	0.79

3.2.2　洪枯季径潮动力作用规律及差异分析

洪季、枯季A1～A4站涨潮阶段和落潮阶段的潮汐动力作用系数 a、

径流动力作用系数 b、其他动力综合作用系数 c 值统计结果见表 3-3。各动力作用规律如下。

表 3-3　　基于二元线性回归法的动力因子系数值统计表

浮标站	潮流流态	洪季			枯季		
		a	$b/(10^{-6})$	c	a	$b/(10^{-6})$	c
A1	涨潮	0.18	−10.68	0.21	0.13	−6.67	0.19
	落潮	0.17	4.92	0.01	0.19	−15.18	0.21
A2	涨潮	0.19	−22.81	0.47	0.29	−35.05	0.36
	落潮	0.22	2.42	0.03	0.26	−21.90	0.21
A3	涨潮	0.17	−21.23	0.42	0.21	−4.84	0.01
	落潮	0.27	7.26	−0.03	0.12	−26.39	0.36
A4	涨潮	0.14	−9.54	0.22	0.21	−1.90	0.00
	落潮	0.24	22.01	−0.24	0.19	−11.91	0.21

（1）潮汐动力作用系数 a 在洪季、枯季都为正，显示潮汐动力始终是伶仃洋河口湾潮流往复运动的主要驱动力。洪季，受径流动力增强顶托影响，潮汐动力影响主要局限在东四口门以外的伶仃洋河口湾水域，a 值总体呈涨潮阶段小于落潮阶段；枯季，潮汐动力延伸到东口门以内，受伶仃洋喇叭形河口影响，a 值总体呈涨潮阶段大于落潮阶段。

（2）径流动力作用系数 b 直观反映了洪季、枯季进入伶仃洋水域径流动力作用的差异。洪季，东口门以内网河区以洪水动力作用为主并具有较大的水面比降，进入伶仃洋水域洪水径流具有较大的初始动量，其作用方向总体与涨潮方向相反、落潮方向相同。因此，洪季 b 值总体表现为涨潮阶段为负、落潮阶段为正；枯季，网河区水面比降很小甚至出现负比降，以潮控为主，上游来流量小且动力弱，呈现随潮汐涨落运动，根据动量守恒原理，会导致潮流运动流速减小，因此涨、落阶段 b 值均为负值。

（3）其他因子综合作用系数 c 在洪季、枯季的差异主要与季风和咸潮入侵引起的密度斜压梯度力等有关。洪季西南季风更有利于涨潮流，枯季东北风更利于落潮流，与系数 c 值均在 0.2 以上相对应。盐度密度差引起的斜压梯度力总体指向上游方向，其大小因滩槽水深不同有所差异。

基于获得的 a、b、c 比较洪季、枯季浮标站流速的差异。根据洪季、枯季实测情况，上游来流量和内伶仃岛潮差分别选取 10000m^3/s 和 1.35m，洪枯季潮周期平均流速比值如图 3-5 所示。可见，相同潮汐动力与径流动力作用下，除西滩水域 A3 站外，内伶仃洋水域其他浮标站潮周期涨潮平均流速呈洪季略大于枯季、落潮平均流速总体呈枯季略大于洪季；而西滩水域A3站潮周期涨潮平均流速和落潮平均流速均为洪季大于枯季。根据图3-2，洪季盛行SE风～SW风，有利于加强伶仃洋水域涨潮流；枯季盛行NE风～E风，有利于加强落潮流；洪季、枯季海面季风的差异可能是导致洪季、枯季潮周期平均流速差异的主要原因；A3站所在西滩水域开阔、水深浅，因此海面风对潮流影响较其他水域更显著。

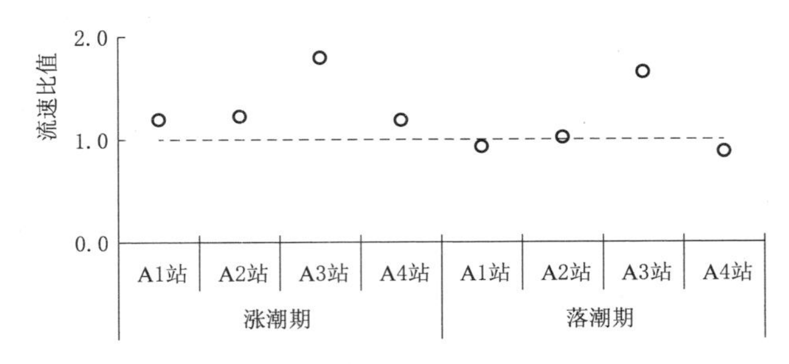

图3-5　洪枯季潮周期平均流速比值（洪季流速/枯季流速）

将内伶仃洋水域作为一个整体，A1～A4站作为该水域取样点，基于动力系数分析该水域各动力之间的相关关系，结果如图3-6所示。不论洪季还是枯季，其他因子综合作用系数c与潮汐动力作用系数a之间点位分散，两者相关性不明显。但c与径流动力作用系数b存在很好的线性负相关，洪季、枯季R^2分别达到0.99和0.81，线性斜率分别为－0.015和－0.01。因此，伶仃洋河口湾径流动力影响增强同时会引起除潮汐动力以外的其他作用力影响增强，两者对潮周期平均流速的影响相互抵消，且该变化规律洪季较枯季更明显。代表其他动力因子中的河口垂向盐度密度差形成的斜压梯度力与径流动力密切相关，是c—b之间存在较好相关性的主要原因之一，也是洪季径流动力增强后两者相关性更好的主要原因。

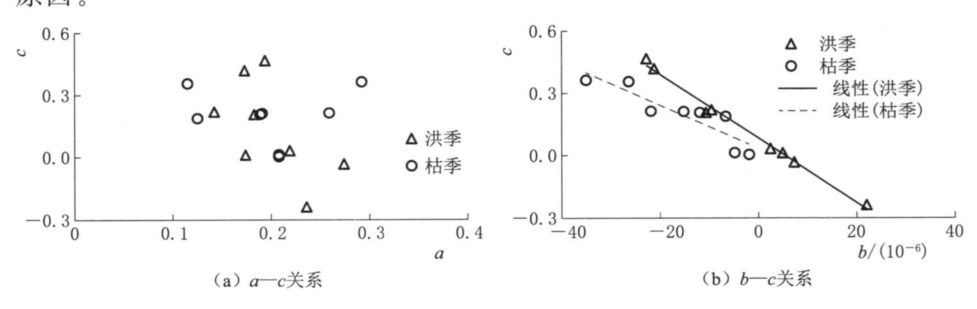

图3-6　洪枯季动力作用系数相关性分析图

3.2.3　洪枯季内伶仃洋水域冲淤差异探讨

径、潮动力是伶仃洋河口湾潮流泥沙运动最为重要的作用力，基于线性回归公式，同样选取上游来流为 $10000m^3/s$ 和内伶仃岛站潮差 1.35m 时，采用径、潮动力贡献之比 $bQ/(a\Delta z)$ 探讨其影响规律，结果如图 3－7 所示。b 在枯季涨潮、落潮阶段及洪季涨潮阶段均为负，因此径流动力对潮流运动起着抑制作用。涨潮阶段，洪季、枯季的 $bQ/(a\Delta z)$ 值均未小于－1，显示潮汐动力能克服径流阻力并驱动伶仃洋的涨潮流运动；但横门延伸段水域 A2 站洪季、枯季 $bQ/(a\Delta z)$ 值均接近－0.9，c 在 4 个浮标站中最大，分别为 0.47 和 0.36，显示该水域在径、潮动力基本相当且相互抵消的情况下，其他作用力主导涨潮流运动，洪季西滩水域涨潮阶段也存在该现象。枯季落潮阶段，除西滩水域径潮动力贡献之比小于－1，其他水域也均未小于－0.65，显示该阶段西滩水域仅依靠潮动力无法驱动落潮流运动，但 c 在枯季内伶仃洋水域涨潮、落潮阶段各浮标站中最大，为 0.36，说明海面风或浅滩潮汐捕获等其他动力影响因子对枯季西滩水域落潮流起主导作用。

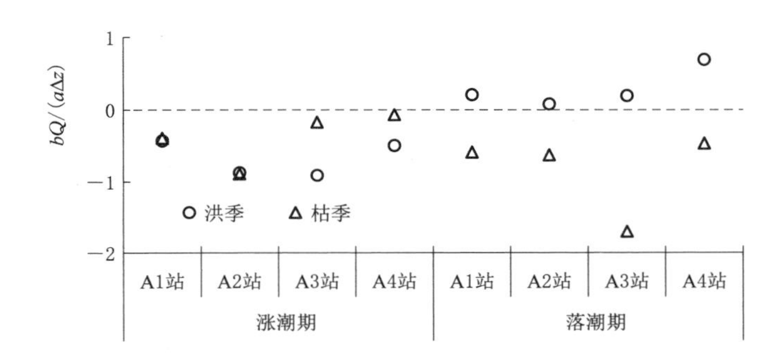

图 3－7　洪枯季径、潮动力作用比较

基于 2.4.1 节的临界流量概念，伶仃洋河口湾年平均含沙量为 0.1～$0.2kg/m^3$，平均中值粒径约 $6\mu m$（李孟国 等，2021），采用罗肇森（1997）适应浮泥起动公式，结合 A1～A4 站洪季、枯季平均水深 5～7m，计算平均水深下的泥沙起动流速 V_c 为 0.36m/s。潮差仍采用内伶仃岛站平均值 1.35m，基于洪枯季拟合动力作用系数 a、b、c，得到各站临界值 Q_c（表 3－4）。

表 3-4　　　　临界流量 Q_c 计算成果表

浮标站			A1	A2	A3	A4
Q_c /(万 m^3/s)	洪季落潮	$b>0$	2.32	1.38	0.32	1.26
	洪季涨潮	$b<0$	0.87	1.61	1.37	0.53
	枯季涨潮	$b<0$	0.00	1.13	0.00	0.00
	枯季落潮	$b<0$	0.72	0.93	0.57	0.85

(1) 洪季落潮阶段，$b>0$，表明进入伶仃洋河口湾的径流量越大，落潮流速也越大。临界流量 Q_c 湾顶水域 A1 站最大、西滩水域 A3 站最小，表明该阶段湾顶水域容易形成悬沙落淤，西滩水域容易造成泥沙起动而出现冲刷。该次洪季日平均径流量约 1.35 万 m^3/s，与该阶段临界流量比较可知，悬沙将主要在湾顶水域和横门出口延伸段水域淤积。

(2) 洪季涨潮阶段，$b<0$，显示上游径流量越大，涨潮流速越小。Q_c 计算结果显示横门延伸段水域 A2 站最大、西滩水域 A3 站次之，湾顶水域 A1 站和主槽水域 A4 站均不超过 1.0 万 m^3/s。因此，洪季涨潮阶段，悬沙容易在内伶仃洋湾顶和主槽水域淤积。

(3) 枯季涨潮和落潮阶段，$b<0$，径流增大会减小伶仃洋河口湾潮流速。该次枯季上游日平均来流量约 1.0 万 m^3/s，比较来看，枯季涨潮、落潮阶段，内伶仃洋河口湾水域基本都处于泥沙落淤状态，且涨潮阶段较落潮阶段更容易形成淤积。

研究显示，洪季，珠江河口东四口门输入伶仃洋水域的径流和泥沙约占全年输入总量的80%和90%（韩西军 等，2008），约60%的泥沙淤积在伶仃洋湾内（陈文彪 等，1999）。因此，洪季悬沙冲淤较枯季对伶仃洋水域滩槽演变更显著。进入珠江河口的洪水主要来自上游马口站和三水站，两站多年平均洪水流量为 8800m^3/s，多年平均洪峰流量为 37240m^3/s（欧素英 等，2016）。与表 3-4 洪季临界流量比较，在多年平均洪水流量下，落潮阶段除西滩 A3 站不易落淤外，其他水域都会形成悬沙淤积；涨潮阶段淤积主要出现在主槽水域 A4 站。在洪峰流量下，伶仃洋水域泥沙落淤出现在涨潮阶段、冲刷出现在落潮阶段；揭示了近年伶仃洋水域“滩冲槽淤”的原因。

3.3　洪枯季伶仃洋河口湾余流及通量时空特征差异比较

3.3.1　洪枯季垂向平均余流特征

半月垂向平均余流流速洪季不超过 10cm/s，枯季不超过 5cm/s，受洪季洪水下泄影响显著，余流总体指向外海侧方向。湾顶水域余流流速最小，洪季、枯季相差不大，流向为SE～ESE向，洪季较枯季更偏东。主槽水域洪季、枯季余流流向为S～SSW向。西滩水域洪季余流流速大于枯季，洪季流向为S向，枯季为WNW向，洪季、枯季差异明显。横门延伸段水域洪季、枯季余流流速不超过3cm/s，流向为WSW～SSW向，洪季水沙沿淇澳岛东侧朝外海方向输移，枯季余流方向则更有利于淇澳岛东北侧水域的淤积。

图3-8为连续潮周期垂向平均欧拉余流、拉格朗日余流和斯托克斯余流矢量变化图。不论洪季还是枯季，潮周期垂向平均欧拉余流和拉格朗日余流矢量相差不大，差别主要体现在非线性项的斯托克斯漂移作用影响。洪季，内伶仃洋主槽和西滩水域是东四口门洪水向口外输送的主要通道，余流流速相对其他水域更大，主槽最大余流流速达到18.6cm/s，出现在中潮、小潮期间；湾顶水域和横门延伸段水域余流流速较小，呈大潮期间指向上游、小潮期间指向下游外海方向。枯季，内伶仃洋水域各测站余流均不超过10cm/s，湾顶水域净输运方向指向东侧，主槽水域仍朝口外净输运，西滩水域净输运指向西北侧上游方向，横门延伸段水域以指向西侧近岸方向为主。不论洪季还是枯季，横门延伸段水域斯托克斯漂移作用很小，其他水域斯托克斯漂移方向均指向上游，潮差越大、漂移作用越强，并以主槽水域和西滩水域最为显著。

3.3.2 洪枯季净通量变化特征

表3-5为内伶仃洋半月净潮通量统计情况。洪季，各站净通量呈A1、A2、A3和A4依次增大，最大值A4站为14222.8m^3，A1站最小为1715.5m^3。枯季，径流动力转弱，各站净通量整体减小，但排序不变，仍以A4站最大（为6358.4m^3），A1站最小（为1378.0m^3）。洪季，内伶仃洋湾顶西滩水域部分水沙会进入中滩，主槽沿程汇集西滩和中滩水沙后朝伶仃洋口外输出。枯季，湾顶水沙仍呈西滩指向中滩，但虎门下泄净通量较洪季有所增强，主槽沿深槽走向朝口外输出，西滩承接横门、洪奇门和蕉门水沙，还接纳外海水沙净输入，最后仍汇入主槽后随潮流输出到外海。洪季、枯季淇澳岛北侧水域水沙通量均处于净输入状态，是导致该水域不断淤积的主要原因。

内伶仃洋主槽是伶仃洋水沙朝口外输出的重要通道，图3-9给出了主槽上游湾顶水域（A1站）潮周期平均净通量在E向和N向分量。在E向

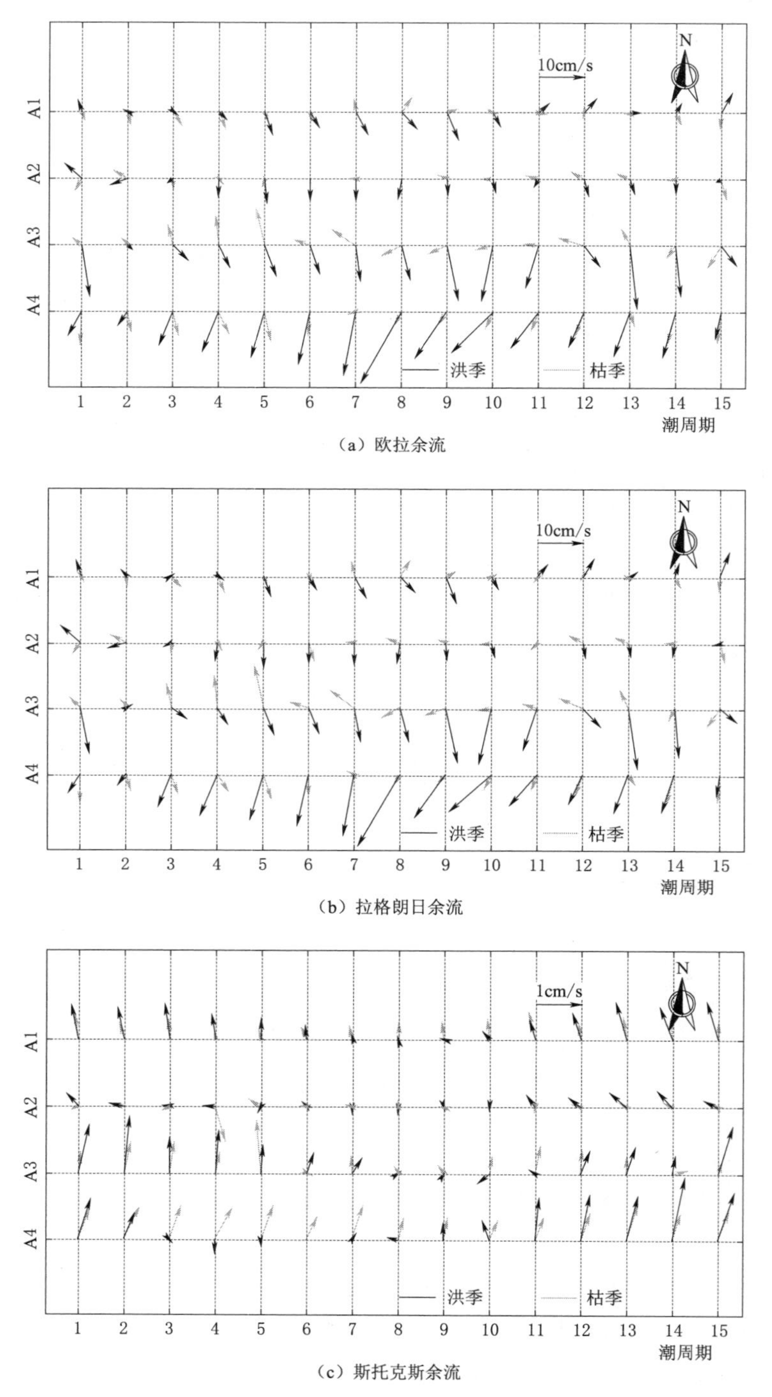

(a) 欧拉余流

(b) 拉格朗日余流

(c) 斯托克斯余流

图3-8 连续潮周期垂向平均余流矢量变化图

表 3-5　　内伶仃洋半月净潮通量统计表

浮标站	洪季		枯季	
	通量值/m^3	方向/(°)	通量值/m^3	方向/(°)
A1	1715.5	91	1378.0	132
A2	3272.7	205	2401.6	240
A3	9151.2	168	3918.5	302
A4	14222.8	206	6358.4	182

上，不论洪季还是枯季，绝大多数潮周期净通量方向都为自西向东。在N向上，洪季呈大潮指向上游、小潮指向外海方向；枯季净通量方向与洪季相反，大潮和中潮指向外海、小潮指向上游。图3-10为主槽中段水域（A4站）潮周期净通量图，洪季，E向和N向分量始终分别指向西侧和南侧，净通量值均随潮动力减小而增大；枯季，N向分量朝南且随潮动力增强而增大，E向分量很小。因此，伶仃洋湾顶水域净通量洪季、枯季差异明显，且随潮汐动力呈规律性变化；主槽中段净通量始终朝外海方向输出，不随季节和潮汐动力变化。

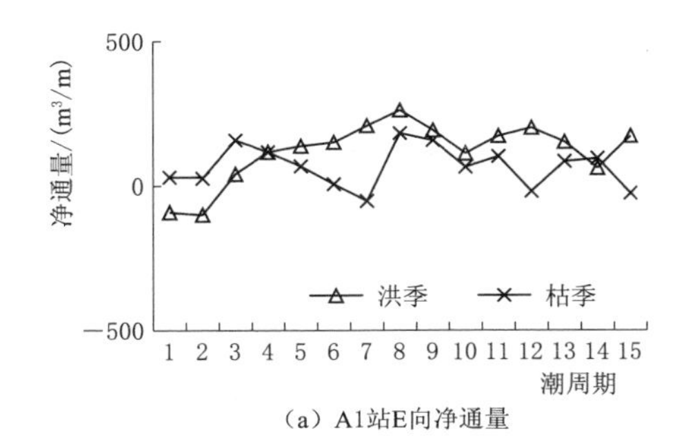

(a) A1站E向净通量

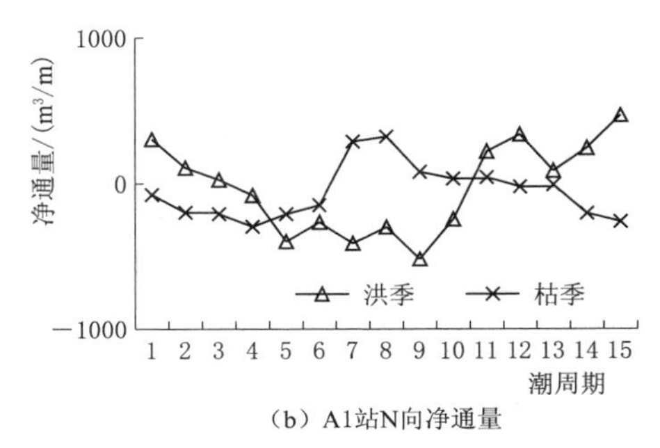

(b) A1站N向净通量

图3-9　矾石水道E向和N向潮周期净通量

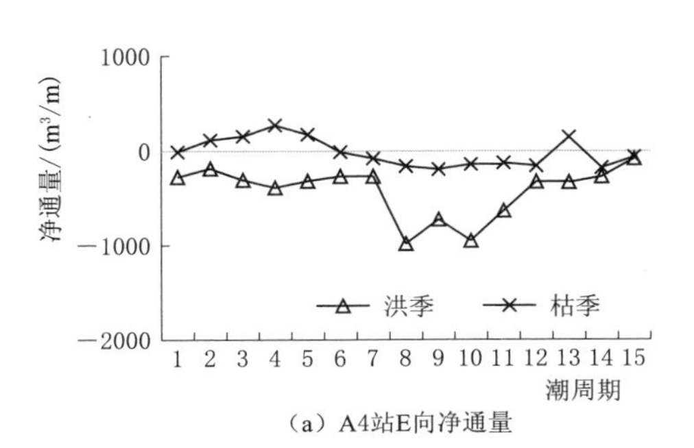

(a) A4站E向净通量

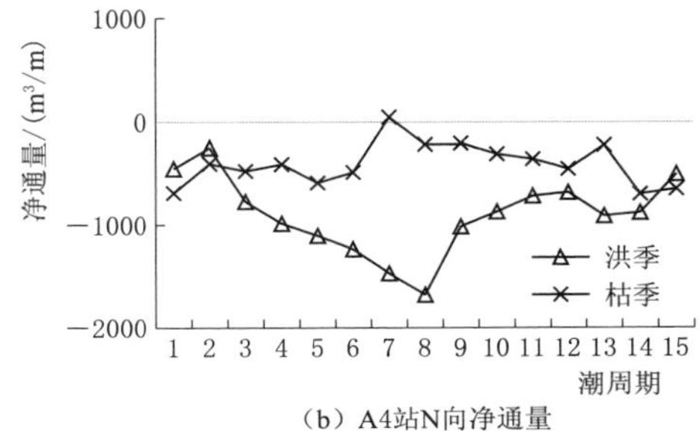

(b) A4站N向净通量

图3-10　主槽中段E向和N向潮周期净通量

3.3.3　净通量与径潮动力因子的相关性分析

采用皮尔逊法分析潮周期净通量与潮汐动力和径流动力的相关性，结果如图3-11所示。相关系数$|R|$在0.5～1.0为强相关，0.3～0.5为中等相关。湾顶水域（A1站）净通量洪季、枯季均与径流动力强正相关，与潮汐动力相关性不明显，净通量均指向东侧或东南侧中滩，径流动力增强有利于西滩水沙进入中滩。横门延伸段水域（A2站）净通量洪季、枯季均与径流动力为中等负相关；该水域净通量矢量在洪季、枯季均指向西南侧淇澳岛近岸，径流动力的增强抑制了该水域水沙SW向输移。西滩水域（A3站）净通量洪季、枯季均与径流动力强正相关，洪季还与潮汐动力呈中等负相关；该水域洪季、枯季净通量矢量差异较大，洪季为SE向、枯季为NW向，径流量增大会增大该水域净通量，潮汐动力在洪季对其具有抑制作用，枯季不明显。主槽中段水域（A4站）净通量洪季、枯季与潮汐动力分别为强负相关和强正相关，洪季还与径流动力呈中等正相关；该水域水沙输移方向洪季为WSW向、枯季近乎正S向，均指向外海，但洪季潮汐动力对水沙朝外海输移具有抑制作用，枯季正好相反。

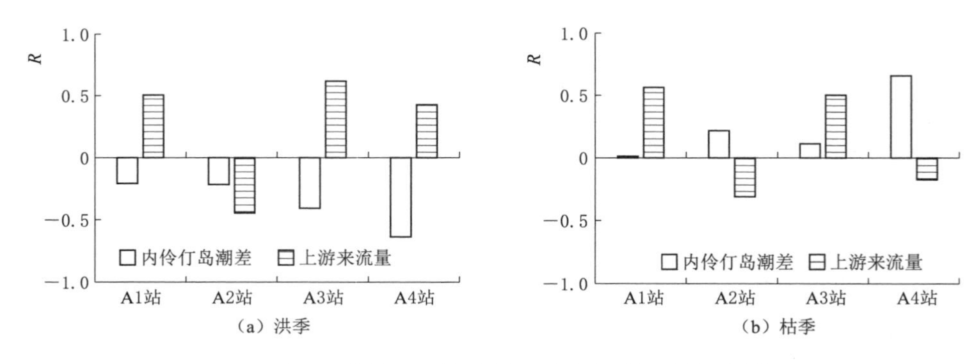

图3-11　洪枯季潮周期净通量与动力因子的相关系数

3.4　洪枯季表层余流与动力因子的线性回归分析

3.4.1　线性回归方法验证

河口水域表层是冲淡水以余流形态朝外海漂移的主要通道，基于A4站同步水文气象观测，采用线性回归法定量拟合表层潮周期拉格朗日余流分量与主要动力因子的关系，线性回归方程为

$$V_R = a\Delta z + bQ + cV_{wE} + dV_{wN} + e \quad (3-2)$$

式中：V_R 为潮周期拉格朗日余流 E 向或 N 向分量，m/s；Δz 为潮周期平均潮差，m；Q 为上游径流量，万 m^3/s；V_{wE}，V_{wN} 分别是海面风 E 向和 N 向分量，m/s；a、b、c、d、e 为主要动力因子对 V_R 值的作用系数。基于潮流、来流量、潮差及海面风实测数据，采用二元线性回归法进行拟合，得到作用系数 a、b、c、d、e。

图 3－12 和图 3－13 给出了枯季和洪季表层余流实测值和拟合值的比较，两者相关性较好，反映了表层余流变化规律。该水域洪季、枯季表层 E 向分量在 10cm/s 以内，枯季呈大潮朝 E 向、小潮朝 W 向的特征；N 向分量洪季、枯季均指向 S，且洪季大于枯季。

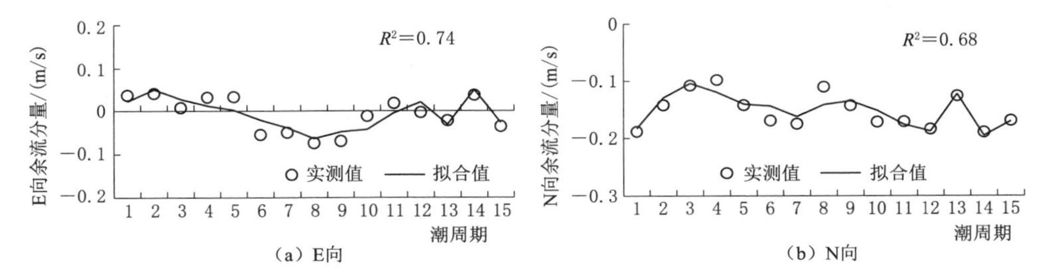

图 3－12　枯季 A4 站表层潮周期余流分量实测值与拟合值比较

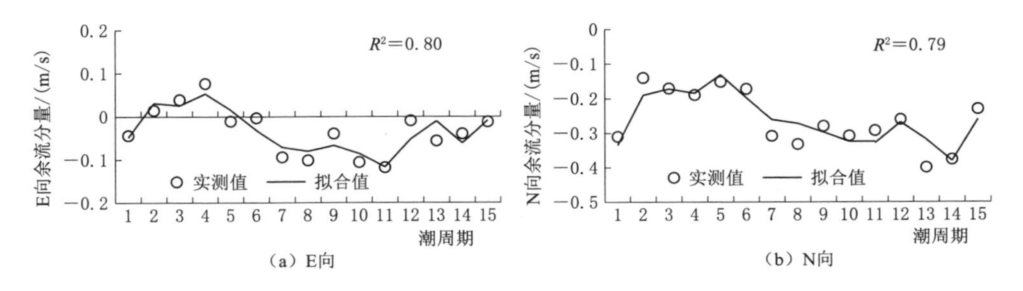

图 3－13　洪季 A4 站表层潮周期余流分量实测值与拟合值比较

3.4.2 动力因子对表层余流影响规律分析

表 3－6 为二元线性回归拟合系数结果。潮汐动力作用系数 a 洪季、枯季的 E 向和 N 向分量拟合值均为正，E 向 a 值大于 N 向，显示潮汐动力对主槽表层冲淡水朝口外输运具有抑制或反向输运作用。径流动力作用系数 b 的 E 向分量和 N 向分量拟合值洪季均为负、枯季均为正，显示径流动力洪季作用方向指向 SW 外海、枯季指向 NE 上游。海面风主要驱使表

层水体与自身向相同方向运动。其他系数 e 在洪季、枯季 E 向和 N 向均为负值，且相对其他值较大，决定了内伶仃洋主槽中段水域表层水沙朝西南侧外海方向输移的基本趋势。因此，伶仃洋主槽水域动力因子作用规律显示：潮汐动力始终会驱使表层水沙朝上游方向输运；径流动力对表层水沙的输移作用在洪季指向西南侧外海、枯季指向东北侧上游；海面风对表层水体作用主要为驱使其与自己方向保持一致，且洪季影响大于枯季；内伶仃洋河口水域受地转科氏力影响，水域表层水沙基本运动方向为 SW 向，且该趋势枯季较洪季更显著。

表 3-6　二元线性回归拟合系数结果

洪枯季	分轴	a	b	c	d	e
洪季	E 向	0.141	−0.029	0.024	0.005	−0.191
	N 向	0.098	−0.102	0.006	0.020	−0.290
枯季	E 向	0.167	0.108	0.014	0.007	−0.313
	N 向	0.079	0.128	−0.015	0.004	−0.400

3.4.3　洪枯季测站间潮周期水动力因子相关性讨论

采用皮尔逊法计算各站水动力因子间的 R^2，结果见表 3-7，洪季和枯季的拟合线如图 3-14 和图 3-15 所示。不论洪季或枯季，大部分测站间的潮周期涨潮平均流速和落潮平均流速 R^2 均在 0.5 以上，说明伶仃洋水域 4 个站点间的潮周期平均流速相关性好，总体呈潮周期落潮平均流速相关性好于涨潮平均流速、枯季相关性好于洪季的特征，原因与各测站距离较近且主导动力作用因子相似密切相关；枯季径流动力较洪季大幅减弱，伶仃洋水域以潮汐动力作用为主，径潮动力非线性作用减弱可能是枯季测站间相关性好于洪季的主要原因。采用二元线性回归法对测站间潮周期平均流速进行拟合，通用拟合公式为

$$y_{\text{ave}-A_j} = a x_{\text{ave}-A_i} + b \quad (3-3)$$

式中：$x_{\text{ave}-A_i}$ 和 $y_{\text{ave}-A_j}$ 分别为浮标站 A_i 和 A_j 潮周期平均流速；a 和 b 分别为二元线性回归法拟合系数拟合结果见表 3-7。

根据拟合系数 a、b，比较伶仃洋 A1～A4 站潮周期平均流速大小，结果显示：洪季涨潮期间呈现 A2 站＞A1 站＞A3 站＞A4 站，落潮期呈现 A2 站＞A1 站＞A4 站＞A3 站；枯季涨潮和落潮期间均为 A2 站＞A4 站＞A1 站＞A3 站；该变化规律与图 3-4 给出的伶仃洋半月时段平均

涨潮和落潮流速分布特征一致。如表 3-7 显示，大部分站点间余流平均流速的相关系数值均较小，显示伶仃洋水域内浮标站间余流相关性较弱，因余流是去除周期性潮汐动力外的其他非周期性动力综合作用的结果，因此对观测期间径流、风速风向、咸潮入侵及水深、地形变化等动力因子的相互作用敏感。

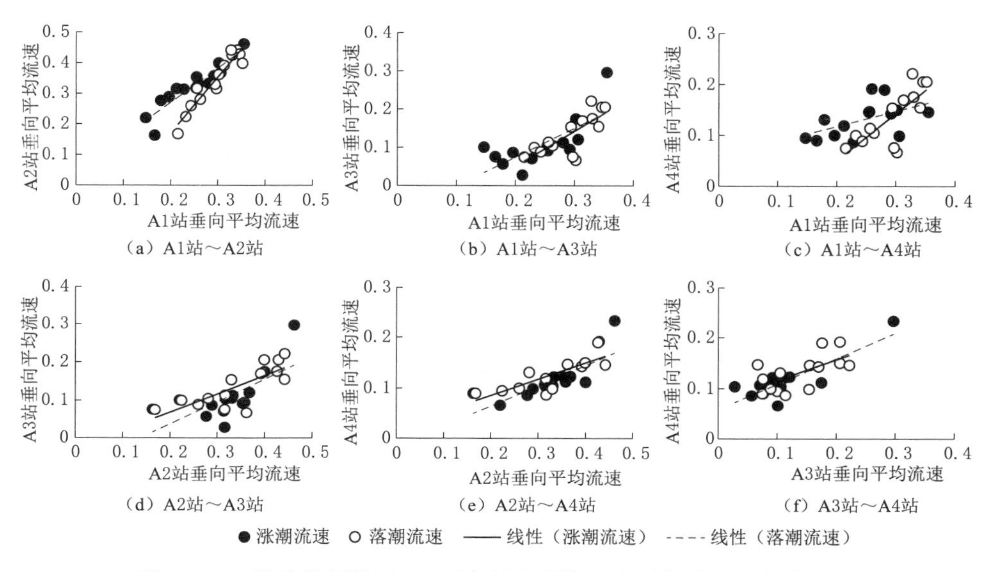

图 3-14 洪季伶仃洋河口湾浮标站潮周期垂向平均流速拟合关系图

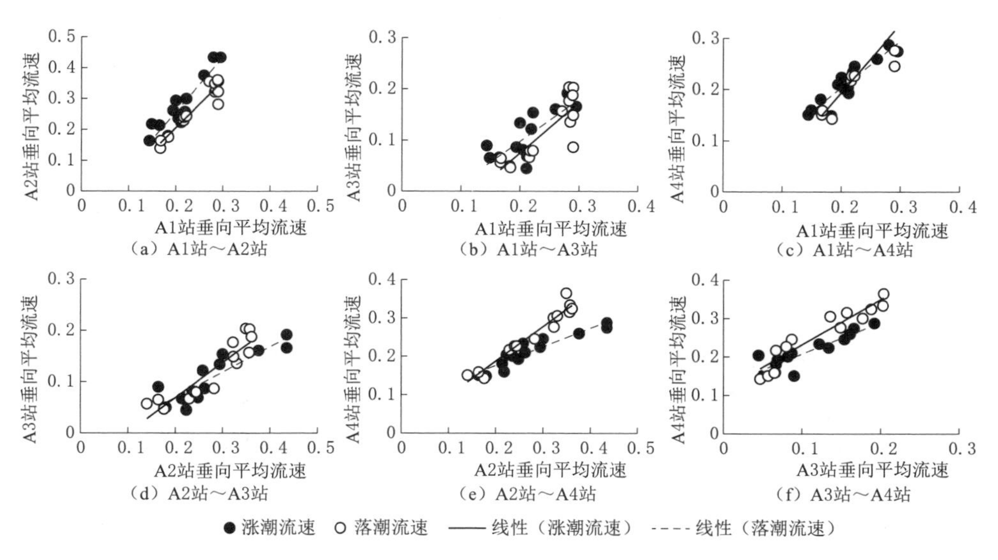

图 3-15 枯季伶仃洋河口湾浮标站潮周期垂向平均流速拟合关系图

表 3-7 伶仃洋水域浮标站潮周期平均流速相关系数表

洪枯季		洪季			枯季		
系数		a	b	R^2	a	b	R^2
A1站～A2站	涨潮平均流速	1.12	0.05	0.85	1.77	−0.10	0.85
	落潮平均流速	1.83	−0.20	0.91	1.51	−0.10	0.91
	余流平均流速	—	—	0.29	—	—	0.04
A1站～A3站	涨潮平均流速	0.76	−0.08	0.51	0.82	−0.07	0.59
	落潮平均流速	0.92	−0.13	0.59	0.99	−0.12	0.69
	余流平均流速	—	—	0.10	—	—	0.22
A1站～A4站	涨潮平均流速	0.50	−0.01	0.62	0.92	0.02	0.85
	落潮平均流速	0.63	−0.06	0.68	1.34	−0.07	0.82
	余流平均流速	—	—	0.38	—	—	0.42
A2站～A3站	涨潮平均流速	0.59	−0.08	0.46	0.49	−0.03	0.78
	落潮平均流速	0.48	−0.03	0.60	0.68	−0.07	0.84
	余流平均流速	—	—	0.29	—	—	0.10
A2站～A4站	涨潮平均流速	0.40	−0.02	0.60	0.49	0.08	0.89
	落潮平均流速	0.32	0.02	0.64	0.91	0.01	0.95
	余流平均流速	—	—	0.60	—	—	0.05
A3站～A4站	涨潮平均流速	1.41	−0.05	0.71	0.82	0.13	0.78
	落潮平均流速	0.40	0.08	0.40	1.18	0.11	0.89
	余流平均流速	—	—	0.15	—	—	0.41

3.5 小结

基于内伶仃洋水域4座浮标站洪季、枯季半月时长实测水文气象数据，应用主潮通量断面定位算法和二元线性回归法探讨了内伶仃洋河口湾潮汐动力、径流动力及其他动力对潮周期平均流速的作用规律。结果显示，内伶仃洋水域半月洪季、枯季垂向平均流速在25～45cm/s之间，除西滩水域垂向平均流速洪季显著大于枯季，其他水域洪季、枯季相差不大。潮汐动力作用系数 a 始终为正显示其是伶仃洋河口湾潮流往复运动的主要驱动力；径流动力作用系数 b 在洪季涨潮阶段为负、落潮阶段为正显示洪季东四口门进入伶仃洋河口湾的洪水具有较大初始动量，枯季涨潮和落潮阶段 b 均为负值，显示枯季径流动力弱并以随潮运动为主；其他因子

作用系数 c 在洪季、枯季的差异主要与季风和咸潮入侵引起的密度斜压梯度力等有关，与径流动力作用系数 b 存在较好的线性负相关，且洪季较枯季更明显。应用伶仃洋河口湾泥沙起动流速，结合二元线性回归法得到的潮周期平均流速拟合公式，结合临界径流量的概念，揭示了当前伶仃洋水域存在的“滩冲槽淤”现象；枯季，伶仃洋水域整体处于淤积状态，涨潮阶段更显著。

余流和通量研究显示，内伶仃洋水域半月垂向平均余流流速洪季不超过 10cm/s，枯季不超过 5cm/s，洪季、枯季总体指向外海侧方向。湾顶水域水沙通量洪季、枯季均呈自西向东净输运，且与径流动力呈强正相关。主槽水域接纳东、西两侧浅滩水沙后始终朝 SW 向外海输送。西滩水域洪季水沙朝外海方向净输出、枯季变为朝西北侧上游方向净输送，洪季、枯季均与径流动力呈强正相关；淇澳岛北侧西滩水域洪季、枯季水沙通量均处于净输入状态，导致该水域不断淤浅。采用多元线性回归法对主槽水域表层余流与主要动力因子进行拟合分析，结果显示潮汐动力始终驱使表层水沙朝上游方向净输运，径流动力作用方向洪季指向外海、枯季指向上游，海面风则驱使表层水沙与自身方向保持一致；拟合公式中的常数反映了科氏力等综合作用下的内伶仃洋水域表层水沙朝 SW 向的输运规律，且枯季较洪季更为明显。

第 4 章　极端风暴潮作用下的伶仃洋河口湾动力响应过程

4.1　珠江河口极端风暴潮研究概况和观测数据

4.1.1　珠江河口风暴潮研究概况

粤港澳大湾区地处珠江河口，直面外海风暴潮威胁。随着近年全球气候变暖，湾区近 10 年强台风有增加的趋势。如 2017 年半个月之内粤港澳大湾区接连遭受“天鸽”“帕卡”及“玛娃”等强台风袭击，2018 年又遭受超强台风“山竹”侵袭。超强台风频繁出现致使粤港澳大湾区风暴潮屡次突破极值，导致滨海城市严重洪涝灾害、生命财产遭受巨大损失，对大湾区经济社会可持续发展造成严重威胁。洪水与风暴潮遭遇形成的极端增水会给河口地区造成重大灾害和损失，国内外对风暴潮的监测、预警和预报及应对措施开展了大量研究工作（侯一筠 等，2020；冯士筰，1998；Li et al.，2019；吕富良 等，2022；齐江辉 等，2018）。珠江河口是受风暴潮影响最为频繁的区域，卢如秀等（1982）调查中华人民共和国成立后八场台风增水的数据显示，珠江河口增水空间分布存在三角洲两边向中间水道渐减和漏斗状口门由外向里逐渐递增的规律。甘雨鸣等（1991）较早构建了包含珠江河口在内的南海北部大范围风暴潮动力数学模型并分析了影响珠江河口台风不同登陆位置的潮位振动规律。周旭波等（2000）指出当风暴潮最大增水出现在天文潮高潮时，不计入天文潮的影响会使计算增水偏大。郜佳爱等（2009）认为台风“黑格比”造成珠江河口内特高潮位的原因主要是台风低压控制时间长、天文潮潮差大以及台风登陆时珠江河口内处于高潮位。贾良文等（2012）的分析显示，广东省沿海年最高设计潮位总体呈东低西高态势，以潮差最大、遭受风暴潮影响最多的粤西地区年最高设计潮位最高。刘士诚等（2021）构建了珠江河口风暴潮数学模型并模拟了 1822 号强台风“山竹”的演进过程，详细探讨了不同风暴潮因子对珠江河口水域增水的时空影响规律。可见，以往绝大多数风暴潮极端增水灾害研究主要基于理论推导或数学模型反演，恶劣海况导致现场观测数据极为稀缺。

随着科技发展和海洋管理及防灾减灾的需要，海洋观测逐步实现从点到面、从短时到长期、从海表到海底的综合观测，发展出遥感、漂流浮标、Argo浮标、大型浮标、海床基和海底网等较为有效的长期观测手段（Xu et al.，2011）。其中，浮标具有全天候、长期连续、定点观测的特点，其他海洋观测手段无法替代，具备气象、海流或其他海洋物理化学要素同步观测能力（黎兵 等，2010；陈胜 等，2019），现场获取的时间连续的风速风向、水深及海流剖面数据对改进风暴潮极值增水预报技术、剖析垂向动力结构特征及揭示天文潮和风暴潮非线性作用的耦合物理机制提供有力支撑。现场观测是研究风暴潮增水过程及动力机制最直接、最有说服力的研究手段，也是未来风暴潮研究的发展趋势。本章基于伶仃洋河口浮标站"山竹"台风期间的水文观测数据，从潮流动力角度揭示极端台风作用下的伶仃洋河口湾动力时空响应过程，为深入研究珠江河口台风致灾机理提供支撑。

4.1.2 极端风暴潮观测数据

选取珠江河口伶仃洋水域6座浮标站（编号为A1～A4，A6，A7），其中内伶仃洋水域中西部4座（编号为A1～A4），外伶仃洋水域2座（编号为A6和A7）；A1和A4站位于主航道西槽上下游，距离约13.5km，站点位置平均水深7～9m（珠江基面，下同）；A2和A3站位于西滩水域，平均水深约6.0m；A6和A7站位于外伶仃洋澳门附近水域，两站距离约11.2km，水深5～7m。此处选取0.2层、0.6层和0.8层数据代表表层、中层、底层进行潮流动力特征分析。

台风"山竹"于2018年9月7日20：00由位于西北太平洋的热带低压发展为热带风暴，此后向偏西方向移动，强度不断增强，15日2：00"山竹"以超强台风级别（17级）在菲律宾北部的吕宋岛登陆。15日9：00进入南海之后向NW向移动，中心强度减弱为15级，后强度维持，逐渐靠近广东沿海，16日17：00"山竹"以强台风级在黄茅海西侧登陆，登陆时中心附近最大风力15级，17日14：00在广西境内减弱为热带低压后消亡。台风"山竹"眼区明显、云系广阔，东西向直径约1400km，南北向约1450km，几乎覆盖整个广东和南海。"山竹"登陆时中心附近最大风力15级，7级风圈半径高达400km，10级风圈半径达到200km，12级风圈半径更达到了80km，各级风圈半径均远大于1713号台风“天鸽”。珠江河口浮标站平台记录到了台风“山竹”影响期间时距为2min的风速、风向数据。“山竹”影响期间，珠江河口沿海地区风力普遍达到10～11级，阵风普遍达到12～14级，有2个站点同时出现12级以上阵风持续了10h；沿海10级及以上阵风持续时间20h，大风持续时间历史罕见。

考虑到台风“山竹”于2018年9月16日（农历八月初七）17：00左右登陆珠江河口西侧，登陆时珠江河口口门区各控制站处于天文潮小潮期低高潮的落潮阶段，为分析“山竹”登陆前、中、后时段的伶仃洋潮周期潮动力特征，选取分析时段为2018年9月14日00：00至19日23：00共约6d，对应农历二〇一八年八月初五至初十，天文潮处于中小潮，期间上游马口站和三水站来流量呈迅速增加趋势，最大出现在18日，马口站最大洪水流量为16300m³/s，三水站最大洪水流量为5070m³/s，属于珠江河口常遇洪水量级。详见图4-1。

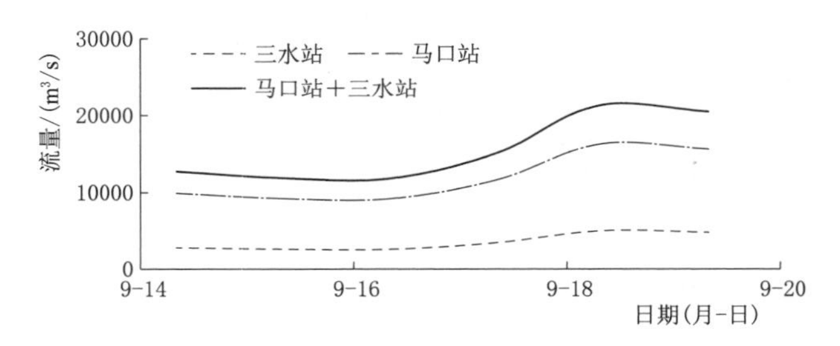

图4-1 2018年9月14—19日马口站和三水站洪水过程线

4.2 极端风暴潮期间的潮汐潮流时空分布

4.2.1 极端风暴潮期间的潮汐特征

台风“山竹”登陆时珠江河口口门区各控制站处于天文潮小潮期低高潮的落潮阶段，最大风暴潮增水影响时刻天文潮位在－0.25～0.25m之间。但由于“山竹”台风强度强，造成珠江河口多站潮位超历史极值，高潮位持续时间长。大虎、南沙、万顷沙、横门、黄金、三灶最高潮位分别达到3.15m、3.20m、3.23m、3.22m、3.13m、3.44m，潮位超2m以上的持续时间分别达到6h、6h、8h、7h、7h、6h。受台风风场特征及河口岸线形态综合影响，“山竹”风暴潮增水分布存在伶仃洋西岸大于东岸、伶仃洋大于黄茅海的特征。

A7站位于伶仃洋口门，A1站靠近湾顶，基于两站实测水深给出其潮位随时间变化（图4-2）。从海面高度变化来看，受“山竹”台风暴潮影响，伶仃洋湾口A7站从9月16日8：00开始涨潮并持续至16：00，时长达8h，最大潮差达2.65m，潮位最高值出现在16日16：00；湾顶A1站从9月16日9：00开始涨潮持续至18：00，时长达9h，最大潮差达3.05m，潮位最高值出现在16日18：00。因此，“山竹”台风暴潮期间，伶仃洋湾顶最高潮位出现时间较湾口晚约2h，受喇叭形河口聚能作用，湾顶最大潮差大于湾口。珠江河口水域为不规则半日潮，天文潮周期平均约为24.8h，从2018年9月14日00：00至19日4：00共124h包含了5个完整潮周期，初步将其分为台风登陆前（潮周期Ⅰ和Ⅱ）、登陆中（潮周期Ⅲ）、登陆后（潮周期Ⅳ和Ⅴ）三个时段，各潮周期内平均潮差和最大潮差及所处时段如图4-3所示。由于这一时段处于天文潮由中潮转向小潮，不考虑台风登陆期间影响最大时段，A1和A7站平均潮差在台风登陆前的第Ⅰ潮周期为1.44m和0.92m，登陆后的第Ⅴ潮周期为0.56m和0.3m，伶仃洋湾顶潮动力大于湾口；台风登陆期间的第Ⅲ潮周期，受风暴潮影响最为显著，两站平均潮差分别达1.97m和1.34m，显著大于登陆前和登陆后。

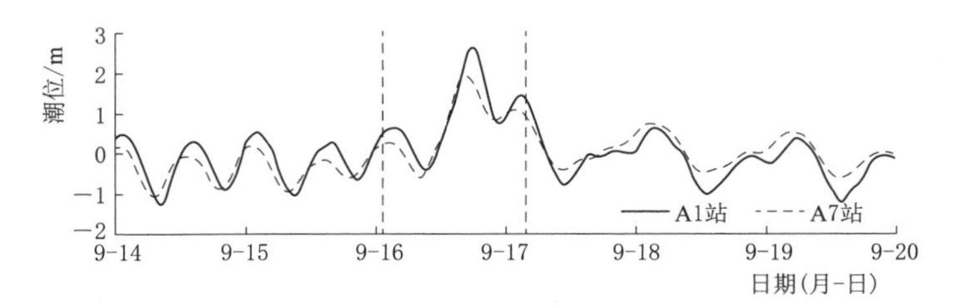

图4-2 2018年9月14—20日A1站和A7站潮位变化

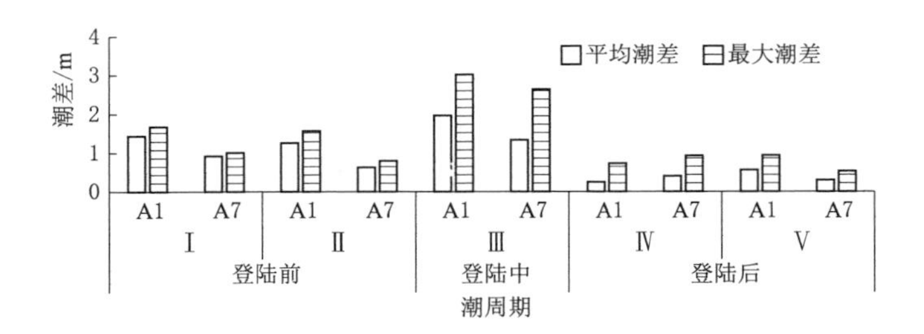

图4-3 各潮周期A1站和A7站潮差变化

4.2.2　垂向平均流速和流向时空响应特征

计算伶仃洋水域6个站点在5个完整潮周期内的垂向平均涨落潮流速及余流，其矢量如图4-4所示。不考虑风暴潮影响最大的第Ⅲ潮周期，伶仃洋水域潮周期垂向平均涨潮、落潮流速不超过50cm/s，天文潮由中潮向小潮过渡期间，水域流速整体呈减小趋势，与潮差减小趋势相对应。主航道（A1站和A4站）水域流速呈落潮大于涨潮、上游大于下游的分布规律。“山竹”登陆期间（第Ⅲ潮周期），伶仃洋水域垂向平均涨潮、落潮流速较台风登陆前、登陆后总体显著增大；与第Ⅱ潮周期比较，涨潮、落潮平均流速在主航道水域增加约50%和22%，在横门北支出口延伸段水域（A2站）增加约40%和16%；西滩中心水域（A3站）涨潮流速增加约88%，落潮流速反而减小约18%。在伶仃洋湾口内、外侧水域，A6站和A7站平均涨潮流速增加了2.6倍和4.1倍，平均落潮流速均增加约2.6

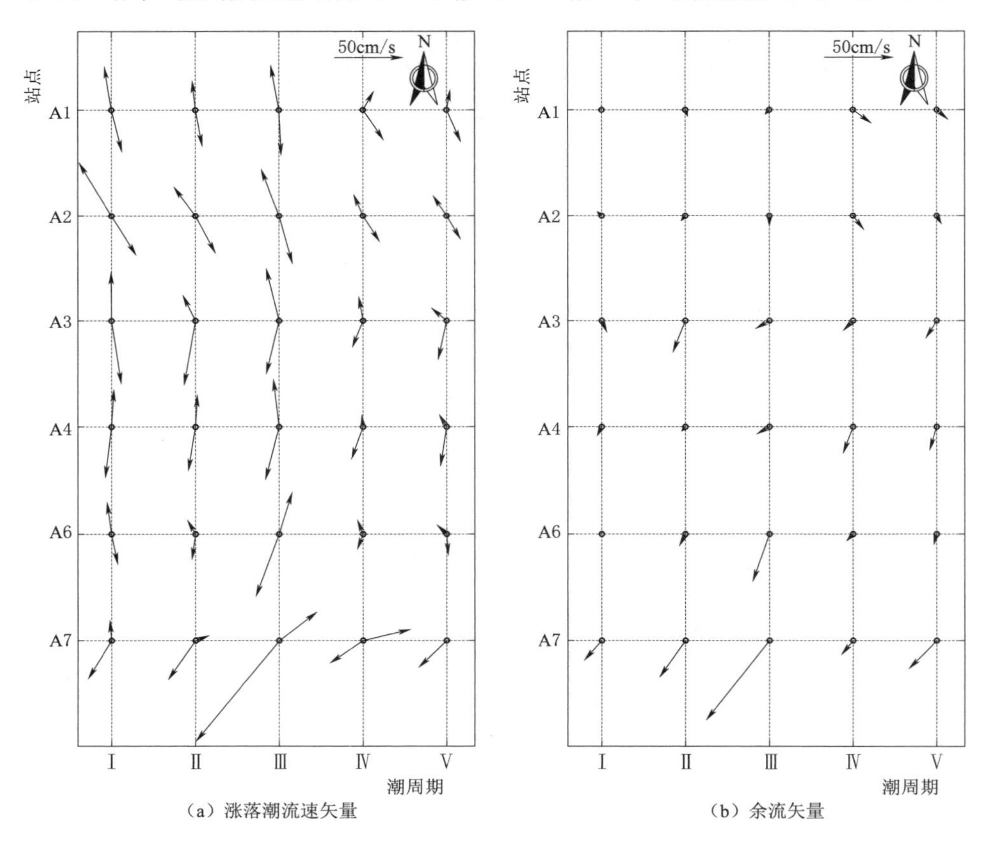

（a）涨落潮流速矢量　　（b）余流矢量

图4-4　潮周期垂向平均涨落潮流速及余流矢量

倍。从流向来看，伶仃洋湾口内侧水域 A6 站涨潮流向在 NW～NNE 之间，落潮流向在 SW～SSE 之间，湾口外侧 A7 站涨潮、落潮潮流向总体为 NE 向和 SW 向。因此，“山竹”登陆前后，伶仃洋水域流速总体呈显著增大，但涨落潮流向总体不变。

从观测的潮周期垂向平均余流矢量图［图 4-4（b)］来看，风暴潮对伶仃洋湾口水域 A6 站和 A7 站余流影响显著，两站台风登陆期间（第Ⅲ潮周期）余流值分别达到 37.2cm/s 和 75.2cm/s，显著大于其他潮周期，但余流流向仍为 SW～SSW，风暴潮对其基本无影响。内伶仃洋水域，台风登陆前、登陆中时段内，上游来流量相对较小，主航道和横门出口延伸段水域余流流速都很小，不超过 10.0cm/s，导致上游下泄洪水径流受阻而堆积，受此影响，台风登陆前在西滩水域中间形成一条指向下游的泄流通道，导致 A3 站余流流速相对较大，尤其在台风登陆前的第Ⅱ潮周期，达 24cm/s；台风登陆后，受上游洪水流量增大、径流动力增强影响，第Ⅳ和第Ⅴ潮周期 A1～A4 站余流流速主要在 10～20cm/s，内伶仃洋水域余流整体显著增大且指向下游。因此，“山竹”登陆期间，伶仃洋水域涨潮、落潮流速整体以增大为主，对流向影响较小；伶仃洋湾口附近水域余流显著增大，流向不变；内伶仃洋水域在台风登陆前虎门、蕉门、洪奇门和横门附近余流流速很小，并在西滩中间形成一泄流通道，台风登陆后，余流主要受上游洪水控制，流速整体增大且指向外海。

4.2.3　垂向平均涨落潮流历时响应特征

各潮周期平均涨潮、落潮流历时占比如图 4-5 所示。内伶仃洋主航道水域，“山竹”登陆前第Ⅱ潮周期，除西滩中部落潮流历时明显长于涨潮，主航道及口门水域都为涨潮流历时长于落潮；登陆期间和登陆后，受上游洪水径流动力增强影响，内伶仃洋水域落潮流历时更长且随时间呈增加趋势，如第Ⅴ潮周期内，主航道水域 A4 站落潮流历时占比达到 66%，横门北支延伸段水域 A2 站落潮流历时为 61%，西滩中心水域 A3 站为 55%。伶仃洋湾口附近水域在台风登陆中期、后期落潮流历时显著延长，尤其是口外水域 A7 站在第Ⅴ潮周期（9 月 18—19 日）都为落潮流，显然是风暴潮与上游洪水径流共同作用所致。因此，“山竹”登陆前、登陆中、登陆后阶段，伶仃洋湾口附近水域涨潮、落潮流历时即开始受到显著影响，风暴潮作用主导了该变化过程；内伶仃洋水域在第Ⅱ潮周期涨潮、落潮流历时开始受到风暴潮明显影响，表现为主航道和东四口门水域涨潮流历时更长、西滩中部水域落潮流历时明显延长，台风登陆后，则受控于上游洪水径流动力增强，整体表现落潮流历时更长，与内伶仃洋余流在第Ⅳ和第Ⅴ潮周期明显增大且流向不变相对应。

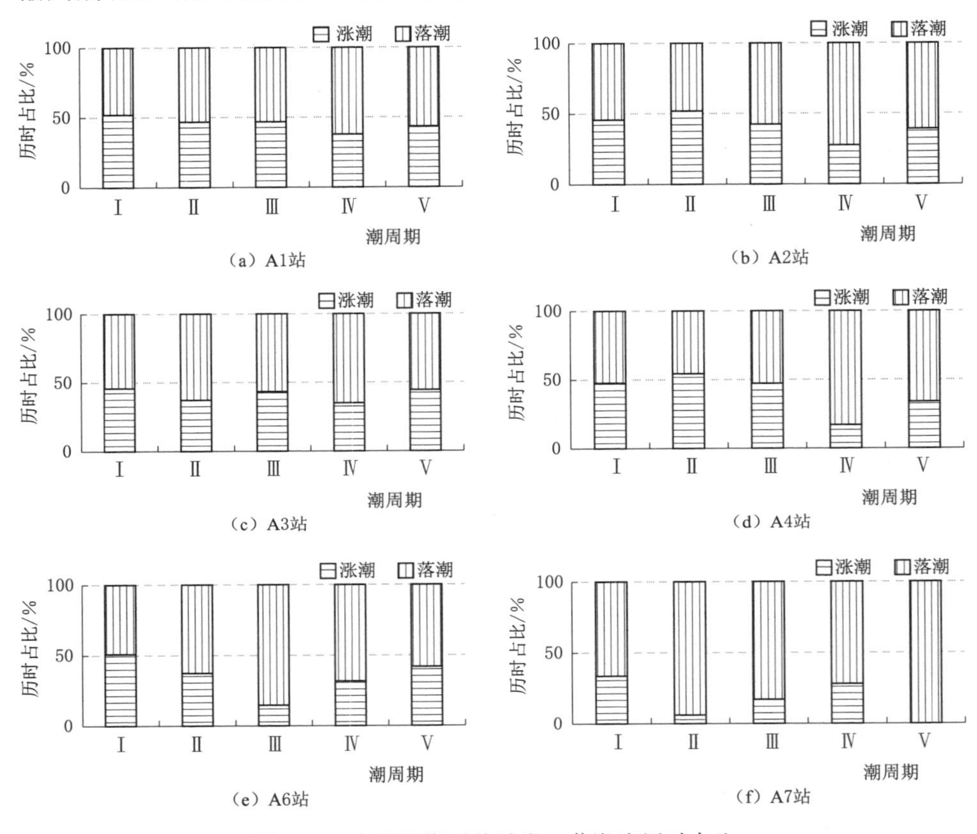

图4-5　各潮周期平均涨潮、落潮流历时占比

4.2.4　净潮通量响应特征

伶仃洋站点5个完整潮周期的E向和N向单宽净潮通量如图4-6所示。台风登陆前和登陆期间，内伶仃洋主航道水域和东四口门E向和N向单宽净潮通量都很小，基本不超过500m³/m。台风登陆期间A1站净潮通量指向NW，A2站在E向上始终指向W，显示在“山竹”台风作用主导下，主航道水域和横门北支延伸段水域潮流净潮通量整体呈上溯态势，造成台风登陆期间上游口门内洪水径流无法外泄，从而出现极端潮位。台风登陆前的第Ⅱ潮周期西滩中部水域单宽潮通量较大，尤以N向最为明显，绝对值达1821m³/m，且指向下游，与台风登陆前第Ⅱ潮周期余流增大和

落潮流历时更长相对应，进一步证实台风登陆前会在内伶仃洋西滩中部形成泄流通道。台风登陆后，受上游洪水径流动力增强主导，内伶仃洋水域净潮通量在N轴上整体指向南侧外海方向，E轴上靠近东四口门的A1站和A2站净潮通量指向E、远离口门的A3和A4指向W，内伶仃洋水域东四口门下泄径流东偏，中部水域则变为西偏。另外，台风登陆期间（第Ⅲ潮周期），主航道纵向（N向）净潮通量在上游（A1站）为正、下游（A4站）为负，出现“上游朝北、下游朝南”的分离流态势，会进一步加强由东向西的补偿流运动，该现象与台风登陆期间内伶仃洋水域强劲E风密切相关。伶仃洋湾口内、外侧水域，A6站和A7站在E向和N向净潮通量最大值均出现在台风登陆期间的第Ⅲ潮周期内，受风暴潮主导明显，且方向均指向W向和S向。

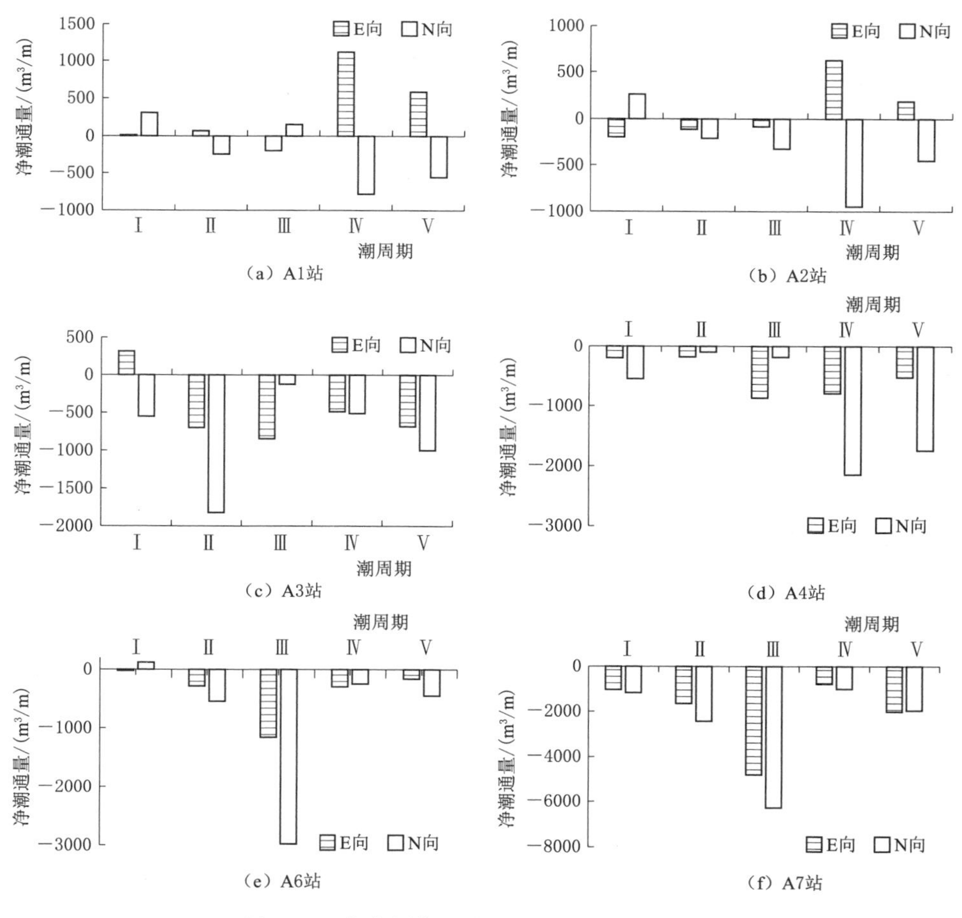

图4-6 各潮周期E向和N向单宽净潮通量

4.3　垂向动力结构响应特征

4.3.1　极端风暴潮期间的海面风特征

浮标站同步观测了海面以上2m的风速风向数据，计算了5个潮周期内的平均风速和平均风向，结果见表4-1。潮周期内平均风为根据高频实测风速和风向数据分解到E向和N向的标量沿时间轴积分平均后合成的矢量，反映潮周期内海面风的主方向和净吹程，是影响水域潮流物质输移强度和路径的重要物理参数，与水域表层余流密切相关。观测数据中，A3站在第Ⅲ～第Ⅴ潮周期内数据缺测。分析可见，第Ⅰ潮周期内，内伶仃洋水域A1～A4站海面风以S～SSE向风为主，明显有别于伶仃洋湾口附近水域A6站和A7站的E～ENE向风，显示第Ⅰ潮周期内“山竹”台风暂未影响到内伶仃洋水域，期间观测到内伶仃洋水域最大风速出现在A1站，为6.8m/s，ESE向风，湾口水域最大风速6.2m/s，NE向风；各站在第Ⅰ潮周期内平均风速则均不超过2.0m/s，风速较小。第Ⅱ～第Ⅴ潮周期，伶仃洋水域各站观测到的海面风向基本一致，以N向、ENE向、SE向和SE向为主，显示“山竹”台风暴潮已经影响到伶仃洋全部水域，风速整体呈由湾口往湾内递减规律，以台风登陆期间的第Ⅲ潮周期风速最大，空间上最大风速出现在伶仃洋湾口水域A7站，达30m/s，为ENE向，内伶仃洋最大风速出现在A1站，达29m/s，也为ENE向风。

表4-1　各潮周期海面平均风速和风向统计结果

测站	潮周期Ⅰ		潮周期Ⅱ		潮周期Ⅲ		潮周期Ⅳ		潮周期Ⅴ	
	平均风速/(m/s)	平均风向	平均风速/(m/s)	平均风向	平均风速/(m/s)	平均风向	平均风速/(m/s)	平均风向	平均风速/(m/s)	平均风向
A1	1.1	S	3.6	N	9.7	ENE	7.5	SE	3.2	SE
A2	1.4	SSE	3.7	N	9.3	ENE	7.9	SE	4.0	SE
A3	1.2	SSE	3.9	N	缺测	缺测	缺测	缺测	缺测	缺测
A4	1.0	S	3.8	N	9.3	ENE	8.2	SE	4.0	SE
A6	1.3	E	4.6	N	9.8	ENE	9.9	SE	5.5	ESE
A7	1.8	ENE	4.9	N	9.6	E	9.6	SE	5.7	E

4.3.2　垂向分层余流结构响应分析

图4-7给出了各潮周期垂向分层余流和海面风矢量图。纵坐标为相对

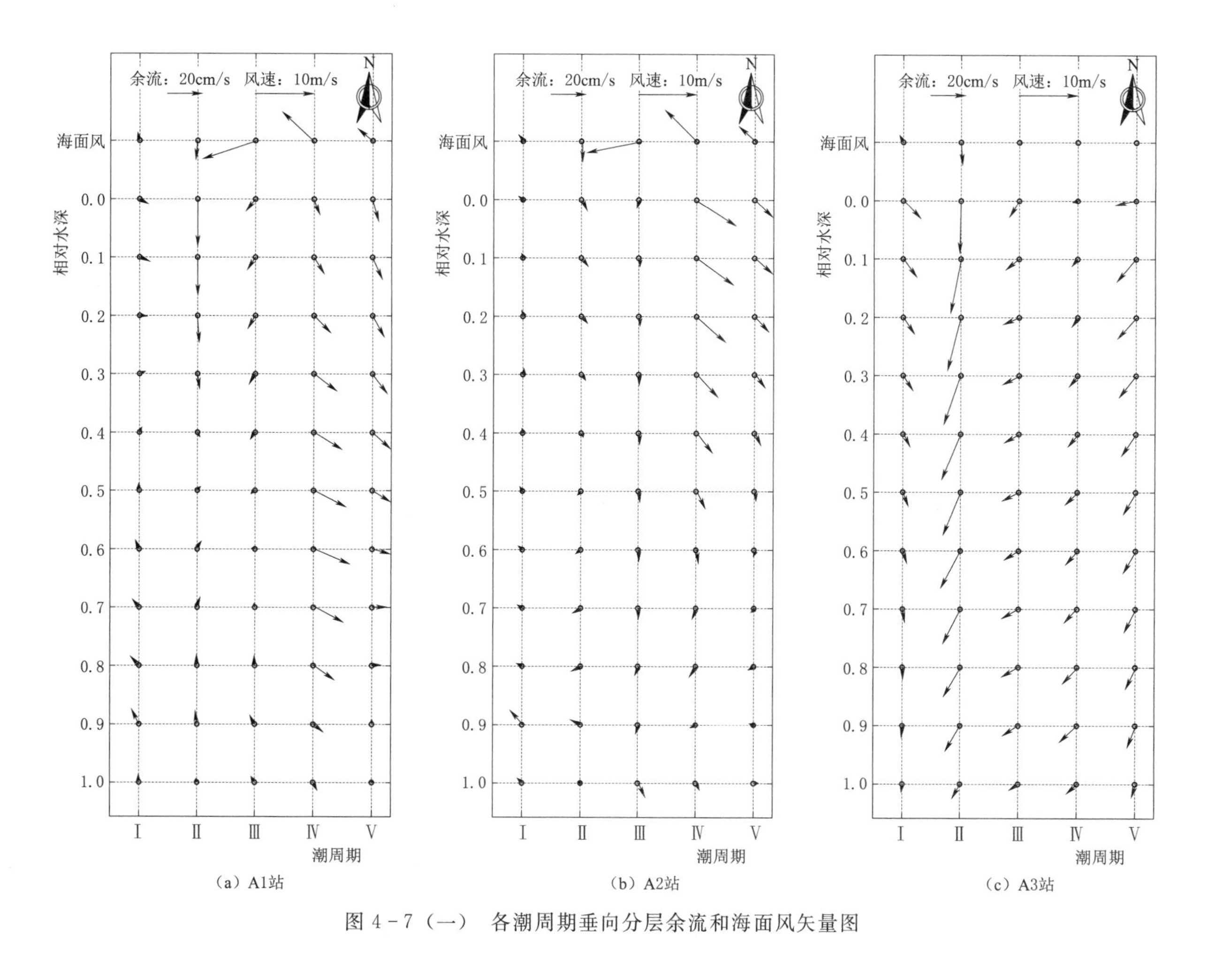

（a）A1站　（b）A2站　（c）A3站

图 4-7（一） 各潮周期垂向分层余流和海面风矢量图

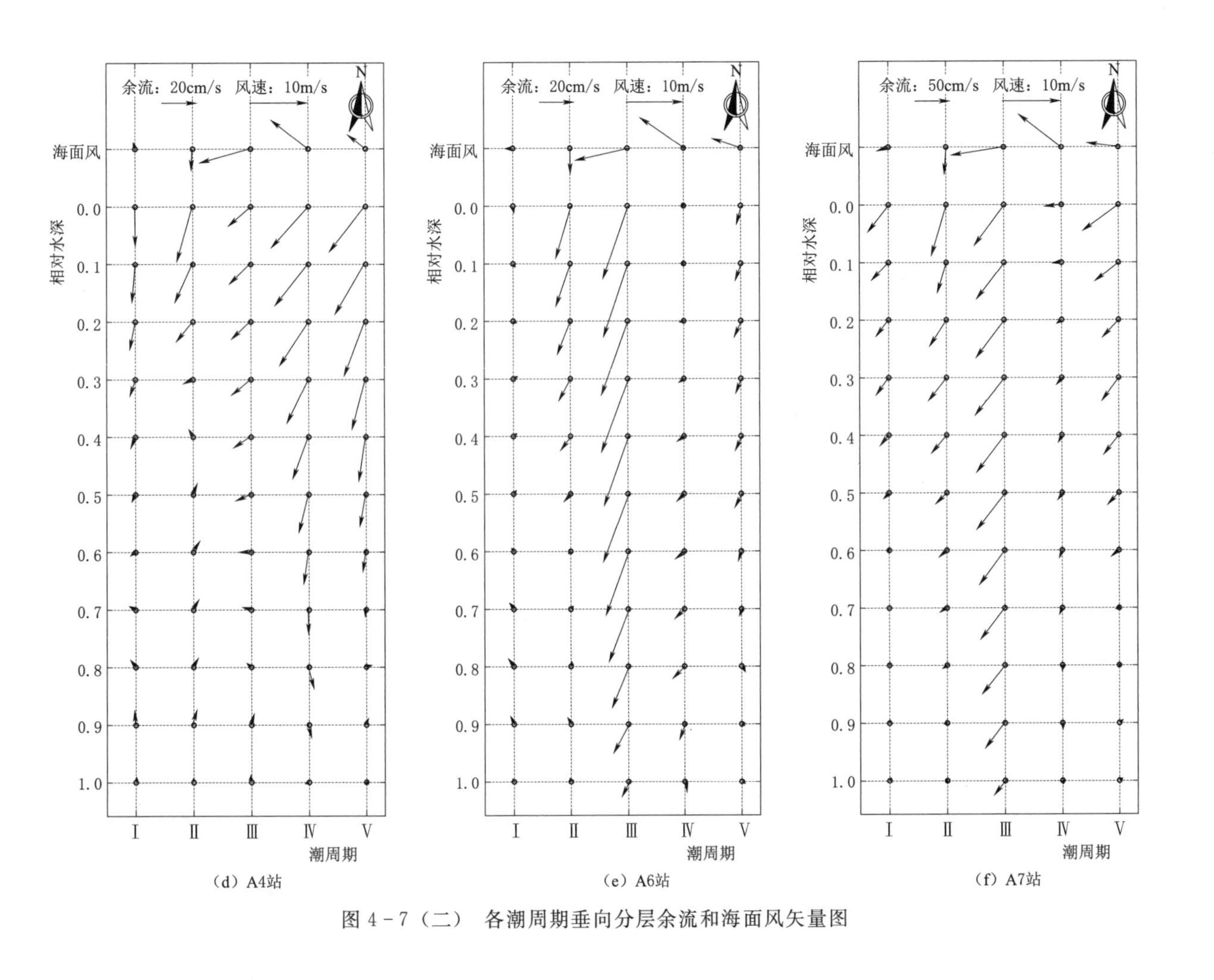

图 4-7（二）　各潮周期垂向分层余流和海面风矢量图

水深，0 代表近海面层，1 代表近河床底层，对应的矢量为余流。除 A7 站余流比尺采用 50cm/s，其他站都为 20cm/s。由海面风特征可知，第Ⅰ潮周期内，“山竹”台风暴潮暂未影响到内伶仃洋水域，海面风速小且对余流影响不大，受表层冲淡水下泄和底层陆架高盐水体上溯影响，余流表层和底层方向相反；内伶仃洋主航道水域，A4 站垂向以 0.6～0.7 层水深为界，余流在分界线以上为 S 向、以下为 N 向，表层余流流速最大，达 23.2cm/s；主航道上游水域 A1 站垂向余流近似以 0.4 层水深为界，以上为 ESE 向、以下为 NW 向。第Ⅱ～第Ⅴ潮周期，“山竹”台风暴潮影响到伶仃洋全部水域，以湾口水域受影响最明显，台风登陆期间，A6 站和 A7 站余流流速达到最大，且全剖面流向基本一致，均为 SW～SSW 向，两站最大余流流速分别达 46.5cm/s 和 90cm/s，以表层余流流速最大。靠近虎门的 A1 站和横门的 A2 站，上游洪水径流动力影响显著且不断增强，台风登陆前、登陆中的第Ⅱ、第Ⅲ潮周期，两站 0～0.4 近表层水体余流流向同时受径流动力和强风影响，第Ⅳ和第Ⅴ潮周期，海面风主要为 SE 向风，但 A1 站和 A2 站近表层水体余流流向为 SE 向，因此主要由上游下泄洪水径流动力增强所致。从垂向分层余流来看，第Ⅱ～第Ⅴ潮周期，受台风登陆及后期洪水径流动力增强，西滩中心水域（A3 站）垂向余流流速相差不大、流向一致，以 S～SW 向为主，且以台风登陆前的第Ⅱ潮周期余流流速最大，显示台风登陆前西滩中心水域形成的洪潮下泄通道动力强劲。

4.3.3 水平流速垂向梯度的时空响应特征

图 4-8 为各站水平流速垂向梯度时空变化图，纵坐标海面高度为各时刻相对测点位置分析时段实测平均高度的差值。基于各时刻沿水深分层观测潮流，计算各层潮流矢量在水平 E 向和 N 向上的分量值，根据分量值计算垂向每层的梯度分量，最后将每层 E 向和 N 向梯度分量合成后，得到每层水平流速垂向梯度值，主要体现台风暴潮动力过程下的水体垂向流速的变化及由此形成的水平剪切作用力大小。

内伶仃洋水域，水平流速垂向剪切梯度值总体在 0.7m/(s·m) 以内，各站最大流速剪切梯度主要出现在近底层 2m 范围内，并形成以最大值为中心的局部剪切环，且流速梯度峰值主要出现在潮汐落潮至落憩时段，此范围之外，垂向流速梯度总体在 0～0.2m/(s·m) 范围内变化，且水深越浅，该规律越明显。台风登陆的第Ⅲ潮周期，由于海面风动力增强，垂向

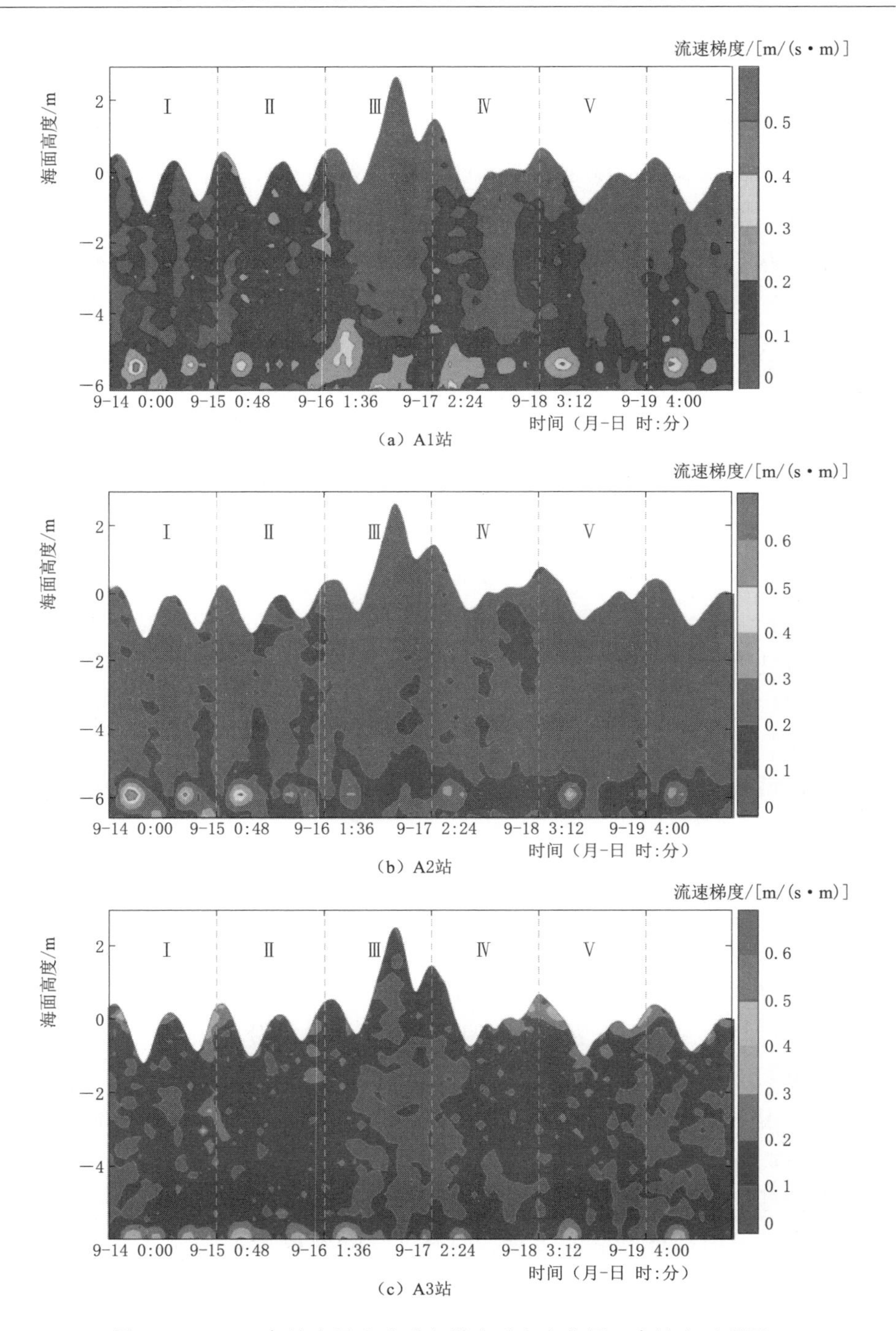

（a）A1站

（b）A2站

（c）A3站

图4-8（一）　各站水平流速垂向梯度时空变化图（参见文后彩图）

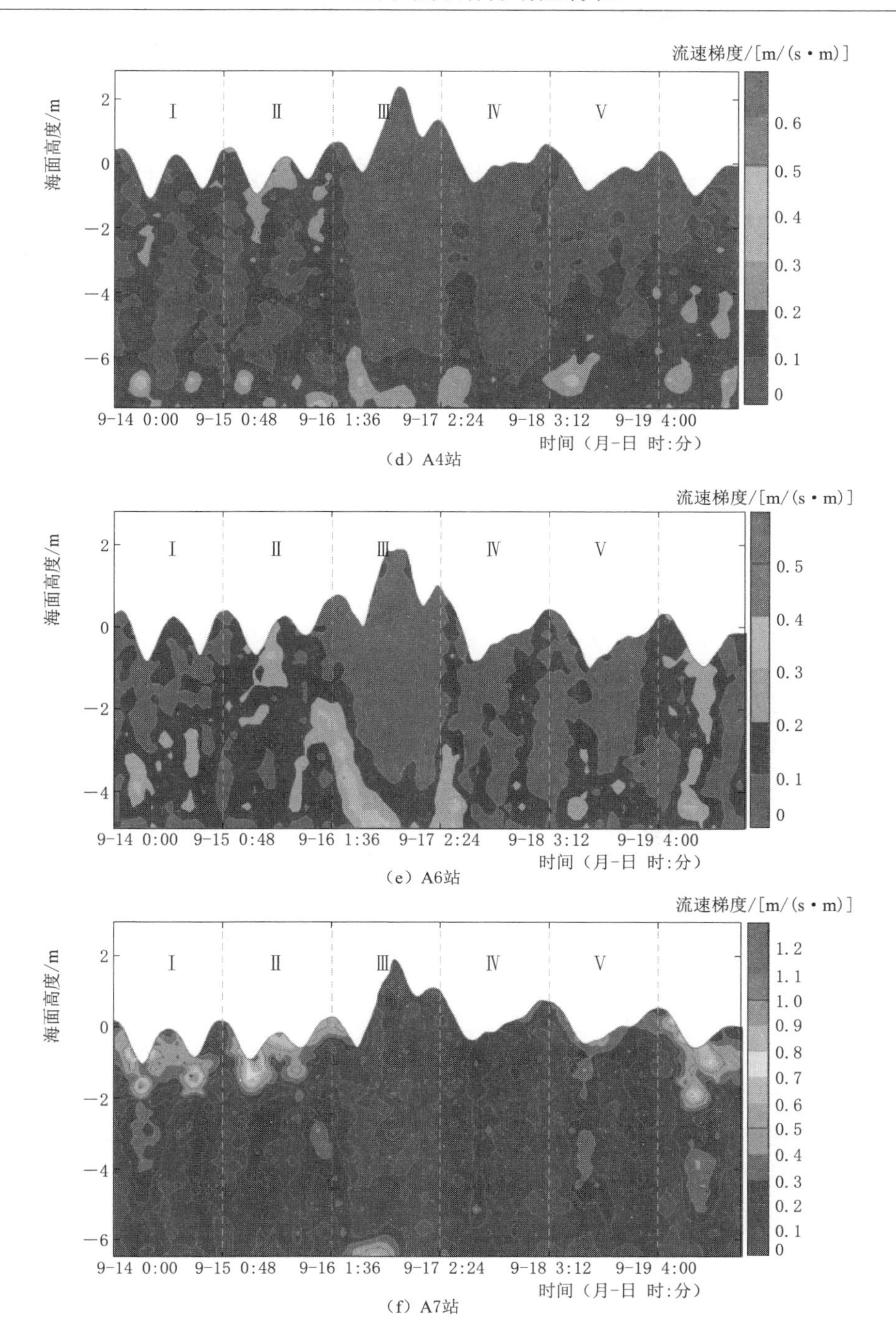

图 4-8（二） 各站水平流速垂向梯度时空变化图（参见文后彩图）

流速分布进一步趋于均匀，流速梯度小于 0.1m/(s·m) 的区域垂向上明显扩大。因此，洪季在内伶仃洋水域，从垂向剪切梯度峰值主要出现在近底层水域和落潮阶段来看，其形成原因主要是落潮阶段淡水径流下泄动力增强，造成底层高盐陆架水上溯补偿流加剧所致；在台风登陆期间，海面风动力强劲并占据主导作用，内伶仃洋水域垂向流速趋于均匀分布，垂向剪切梯度呈显著减小趋势。在伶仃洋湾口附近的 A6 站和 A7 站，受“山竹”台风暴潮作用影响更早也更显著，该水域是伶仃洋西侧蕉门、洪奇门和横门及澳门水道下泄洪水西南输运的主通道；A6 站水深浅，洪水径流及海面风作用容易抵达底层，垂向流速梯度总体在 0.4m/(s·m) 以内，台风登陆期间，在强烈海面风和底边界层作用下，近底层垂向流速梯度显著大于表层、中层；A7 站水域水深相对较大，最大垂向流速剪切梯度达到 1.2m/(s·m) 以上，且出现在近表层，明显大于伶仃洋其他水域，中层、底层水域总体相对较小且绝大部分在 0.2m/(s·m) 以内；由于台风登陆前第Ⅱ潮周期伶仃洋湾口水域以北风为主，登陆期间（第Ⅲ潮周期）和登陆后（第Ⅳ、第Ⅴ潮周期）以 SE 风为主，与该水域 NE 偏 E 的涨潮主向总体相反，叠加上游下泄洪水径流影响，导致最大流速剪切梯度出现在近表层水域和落憩至初涨阶段时段。

4.3.4　涨落潮流历时响应特征

基于 Kriging 插值法绘制了各潮周期涨落潮流历时差（=潮周期平均落潮流历时占比减去平均涨潮流历时占比）的时空变化图（图 4-9）。图 4-9 中相对水深为各时刻最大水深的相对位置（近表层为 0，近底层为 1）。内伶仃洋主航道（A1 站和 A4 站）和横门北支出口延伸段水域（A2 站）垂向涨落潮流历时差时空变化规律基本一致，台风登陆前、登陆中的第Ⅰ、第Ⅱ和第Ⅲ潮周期，受洪季表层冲淡水下泄和底层高盐水上溯影响，垂向总体呈现近表层水域落潮流历时长于涨潮、近底层水域涨潮流历时长于落潮的规律，其分界线 A1 站在中层附近，A4 站总体更靠近表层，A2 则更近底层。台风登陆后的第Ⅳ和第Ⅴ潮周期，受上游洪水动力继续增强影响，主航道和延伸段水域全断面基本都为落潮流历时长于涨潮，历时差最大值 A1 站出现在第Ⅳ潮周期的中层水域、A4 站和 A2 站出现在表层。西滩中部水域 A3 站各潮周期内全水深断面总体都为落潮流历时长于涨潮；伶仃洋湾口附近水域 A6 站和 A7 站在台风登陆中、登陆后时段内全水深断面也为落潮流历时长于涨潮流历时，台风登陆前，呈现表层、中层为落

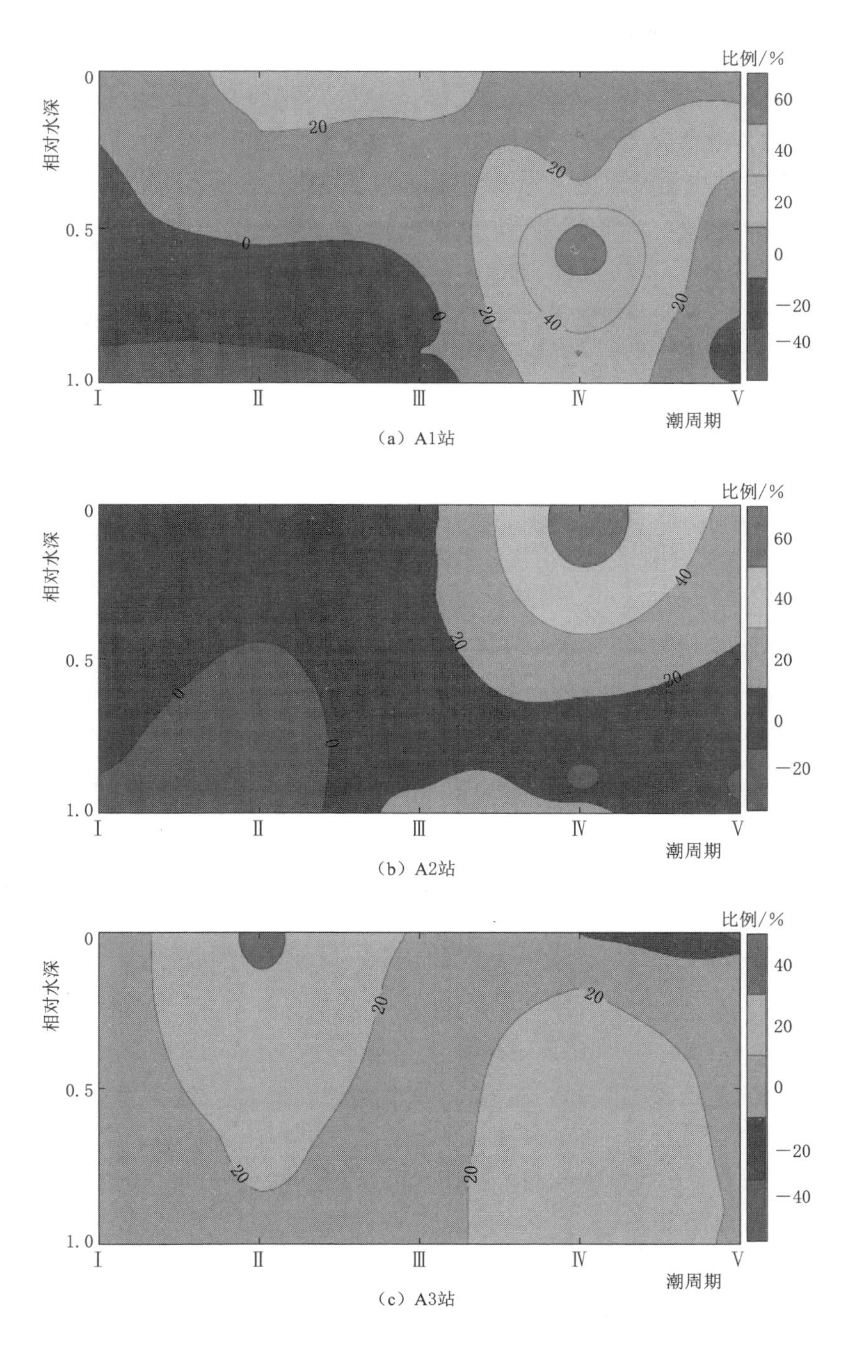

(a) A1站

(b) A2站

(c) A3站

图 4-9（一） 各站点涨落潮流历时差的时空变化图（参见文后彩图）

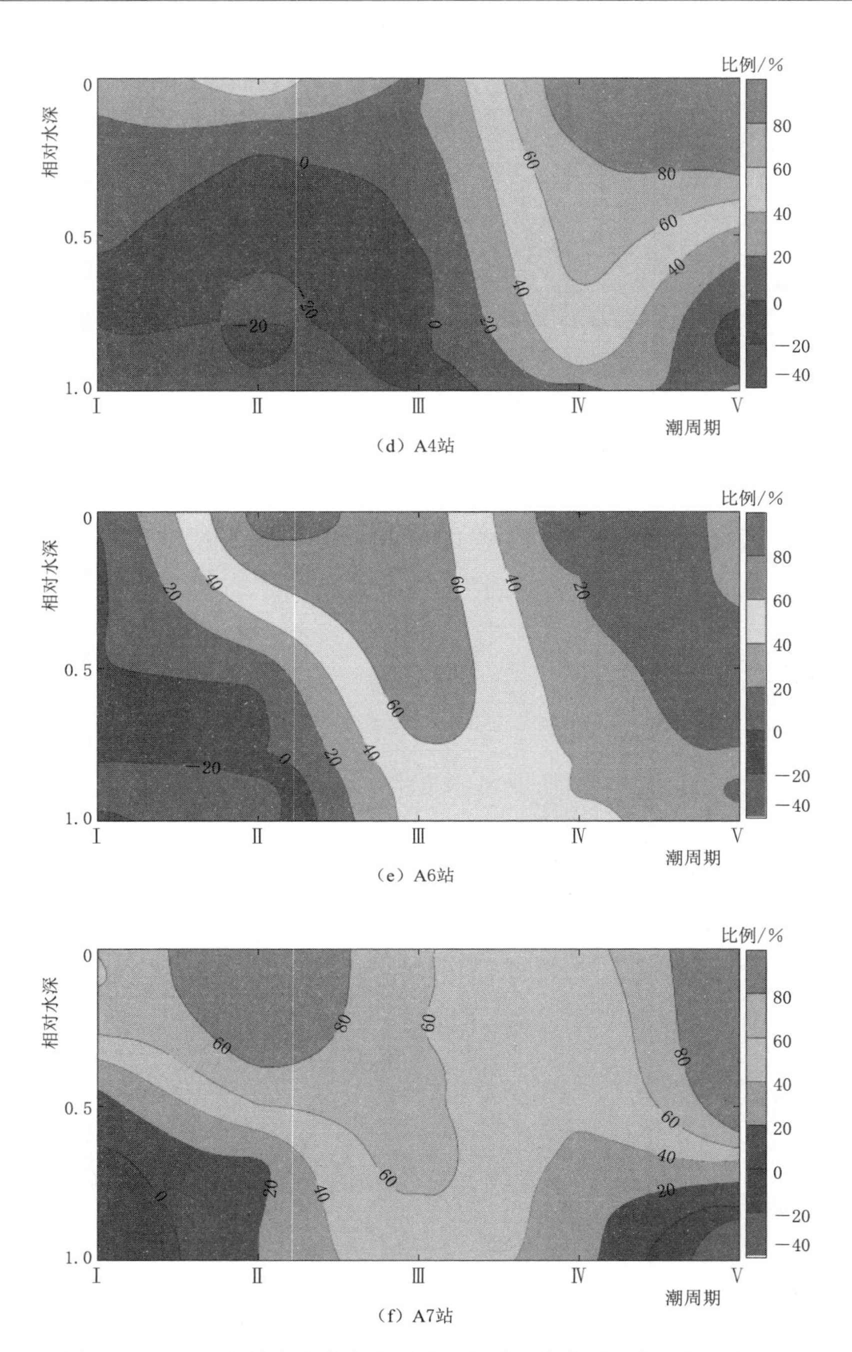

（d）A4站

（e）A6站

（f）A7站

图 4-9（二）　各站点涨落潮流历时差的时空变化图（参见文后彩图）

潮流历时长于涨潮，近底层为涨潮流历时长于落潮。因此，在“山竹”登陆前、登陆中、登陆后全过程阶段，伶仃洋中部、西部水域垂向涨潮、落潮流历时的此消彼长仍表现出典型的洪季表层大量洪水径流下泄和底层高盐陆架水入侵相互作用的动力特征（包芸 等，2005），台风登陆期间强烈的扰动和登陆后上游洪水径流动力的显著增强削弱了垂向咸淡水的密度分层作用，导致垂向分层落潮流历时都长于涨潮流历时。

4.3.5 极端台风暴潮对网河区防洪潮影响讨论

珠江三角洲河网区和口门区是流域洪水入海的宣泄通道，同时又是潮水上溯的纳潮通道。一般来讲，西北江三角洲 5 年一遇以上洪水不会遭遇河口区 5 年一遇以上年最高潮位。但 21 世纪以来，受洪水归槽、大范围不均匀河床下切、台风暴潮频发、海平面上升等因素影响，珠江三角洲及河口区的防洪形势依然严峻：①随着珠江流域上游地区经济社会的进一步发展，北江和西江中上游河道沿岸堤防工程的持续建设，洪水归槽不可避免，西北江三角洲泄洪任务加重；②北江防护片分流比增大，加重了北江片区的防洪压力，对大湾区的发展极为不利；③下游口门尾闾不畅叠加近年潮位上升，加剧了河口泄洪压力。此外，受气候变化的影响，近年台风暴潮、短时暴雨等极端天气频发，设计潮位有不断抬高的趋势，致使原有堤围防潮标准被动下降，均对网河区防洪潮形势造成严峻影响。

珠江河口属于堆积型弱潮河口，形成于距今 6000 年左右，由古海湾内淤积而来，地势低洼平坦，极易受洪潮顶托影响导致区域内严重洪涝灾害。刘俊勇（2014）提出了珠江三角洲水库概念模型，范围主要涵盖整个珠江三角洲区域，最低潮位以上随洪潮水位变化区域作为防洪潮库容，指出库容减少 2%以上就会造成三角洲网河区平均水位抬升 10cm 以上。“山竹”台风暴潮期间，台风登陆前的第Ⅱ潮周期和登陆期间的第Ⅲ潮周期伶仃洋东四口门净潮通量很小且指向口门上游，若根据三角洲河网水库概念，此段时间三角洲河网水库只有入流而没有出流，会导致水位迅速升高。珠江河口洪水主要来自西江、北江，采用图 4－1 中马口站和三水站来流量过程计算第Ⅱ和第Ⅲ潮周期进入三角洲网河区的总水量约 22.0 亿 m^3，相关研究显示珠江三角洲网河区总水域占土地面积的 9.54%（闫小培 等，2006），则“山竹”登陆前和登陆期间将导致网河区水位平均抬升约 54cm，且台风暴潮期间大多数堤围外江水闸处于关闭状态，洪水主要集中在西江、北江干流水道，是导致口门及干流水道普遍出现超百年一遇水位的主要原因，洪水出现时间与刘士诚等（2021）得到的西北江干流最大增水出现时间为台风登陆前 2h 至登陆后 10h 基本对应。珠江河口洪水主要由八大口门入海，由于台风登陆前及登陆期间西江部分洪水、北江和东江洪水将无法从东四口门（虎门、蕉门、洪奇沥、横门）进入伶仃洋，网河区水位会形成东高西低的分布特征，在水位差作用下，更多洪水将由西四口门（磨刀门等）朝外海宣泄，从而迅速增加西侧干支流堤防的防洪压力。因此，珠江三角洲网河区在极端台风暴潮遭遇上游较大洪水时，洪水无法顺畅下泄是导致短时间内网河区快速壅水的主要原因。

4.4　小结

基于伶仃洋水域布置的 6 座浮标站，捕捉到了“山竹”极端台风暴潮期间水文气象要素的时空变化过程，剖析了极端台风暴潮作用下伶仃洋水域的平面潮流结构，揭示了垂向潮流结构的动力响应。结果显示，伶仃洋湾顶和湾口最大潮差出现在“山竹”登陆期间，分别达到 3.05m 和 2.65m，受喇叭形聚能作用，湾顶平均潮差大于湾口，且湾顶最高潮位出现时间较湾口晚约 2h。伶仃洋水域海面风在台风登陆前 1 天开始受到明显影响，以 N 向风为主且风速较小，登陆期间伶仃洋最大风速达到 30m/s，为 ENE 向，登陆后以 SE 向风为主，风速逐渐减小；风速整体呈现由湾口往湾内递减规律。

在台风登陆期间，伶仃洋水域整体涨潮、落潮流速大幅度增大，并以湾口最为明显，口外水域涨潮、落潮流速增大为登陆前的 4.1 倍和 2.6 倍；伶仃洋水域整体呈涨潮平均流速增加幅度显著大于落潮的规律；西滩中部水域形成一条洪水潮流下泄通道，并在台风登陆前 1 天最为明显，“山竹”台风暴潮总体对伶仃洋水域涨落潮流向影响不大；内伶仃洋水域东四口门附近净潮通量都很小且净泄量为负，呈口外指向口内，造成上游下泄洪水在口门及网河区堆积，是造成口门水域持续近 9h 潮位连续上涨并出现极端高潮位的直接原因；在强 E 风作用下，内伶仃洋主槽水域出现北侧朝北、南侧朝南的分离流态势。台风登陆后，随着风速减弱和上游洪水来流量继续增大，伶仃洋水域主要受下泄洪水主导，落潮流历时明显延长且大于涨潮，湾口外侧水域在台风登陆后的第 2 天出现了全天都为落潮流的特征。

台风登陆前、登陆后时段，内伶仃洋水域垂向流速梯度峰值主要出现在落潮至落憩时段内的近河床底层 2m 水深范围内；台风登陆期间，该范围显著向河床底层方向缩小。湾口外侧水域垂向流速剪切峰值主要出现在落憩至初涨阶段时段的表层，底层则很小可忽略不计。分析认为，内伶仃洋水域的流速剪切梯度峰值形成由表层下泄冲淡水和底层上溯高盐水主导，湾口则由海面风形成的水平流速梯度剪切力作用主导。

第 5 章　夏季澳门东侧水域潮流动力及余流时空特征

5.1　澳门水域概况

5.1.1　水域特征

澳门水域位于珠江河口西侧，地处澳门特别行政区与广东省珠海市之间，地理范围为北纬 22°06′39″～22°13′06″、东经 113°31′33″～113°35′43″，西与磨刀门水道相连，东与伶仃洋相通、南与南海毗连。受岛屿分隔，水域内形成东西向的澳门水道。该水道西接洪湾水道，东连伶仃洋，南北方向有湾仔水道和十字门水道，各水道互相贯通，呈十字形交汇。澳门水道是澳门附近水域泄洪、输沙和潮流的主要通道，其径流和泥沙主要来自洪湾水道（张广燕，2006），分洪量占磨刀门径流量的 12%～18%（张炯 等，2014）。澳门机场以东水域即伶仃洋西滩南部水域，该区域水面宽阔，近岸水深在 3～5m 之间，离岸水深在 5～7m 之间，是伶仃洋及澳门水道下泄水沙的通道。澳门水域位于不规则半日潮的弱潮河口，多年平均潮差 1.03m，日潮不等显著，洪季涨潮流以 N～NNE 向为主，枯季以 NNW～WNW 向为主，落潮流为 S～SW 向。澳门机场扩建、珠澳人工口岸及填海 A 区等工程的建成，对该水域水流动力造成了显著影响，且长期存在的水动力不足导致了滩槽淤积和污染物滞留等问题（杨芳 等，2021）。

5.1.2　夏季定点观测资料

研究数据取自珠江河口 A6 站和 A7 站，两站距离约 11.2km，平均水深分别为 5.16m 和 7.58m（珠江基面），采用声学多普勒波浪剖面流速仪（浪龙 1MHz）采集流向、流速、水深等数据。数据垂向分辨率为 0.3～0.5m，垂向测量范围为 0.41～25.0m，采样间隔为 20min。观测时段为 2020 年 6 月 21 日至 7 月 5 日共 15d，对应农历二〇二〇年五月初一至十五。期间上游马口站和三水站从 6 月 26 日至 7 月 3 日观测到一次典型洪水过程（洪水期），如图 5-1 所示，持续时间约 8d。马口站最大洪峰流量 15800m^3/s，三水站洪峰值 5340m^3/s，出现时间都在 6 月 29 日，属于珠江河口常遇洪水量级。A7 站观测了海面以上 2m 的风速风向数据，采用的风速风向仪（型号 Gill GMX500）观测，频次为 10min。观测期间平均风速为 4.9m/s，平均风向为 SSW 风，最大风速 10m/s，正南风；该站潮周期平均海面风矢量如图 5-2 所示。A6 站最大潮动力出现在大潮期间的第 2 个潮周期（6 月 22 日，农历初二），平均潮差约 0.97m。A7 站最大潮动力出现在大潮期间的第 3 个潮周期（6 月 23 日，农历初三），平均潮差约 1.77m。洪水期处于小潮～中潮期，呈现东南侧外海潮动力显著强于东北侧水域。

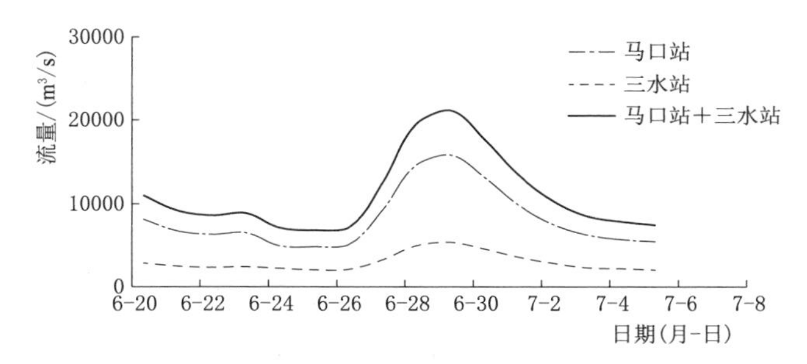

图 5-1 马口站和三水站洪水过程线

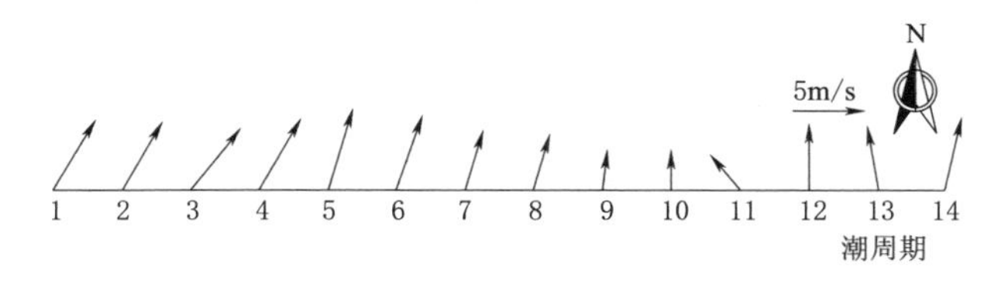

图 5-2 A7 站潮周期平均海面风矢量图

5.2 夏季半月潮汐潮流整体特征

5.2.1 潮汐组分分析

图 5-3 给出了 A6 站和 A7 站半个月时间内的海面高度变化图。两站半月平均潮差分别为 0.4m 和 0.6m，最大潮差均出现在大潮期，A6 站为 2.18m，A7 站为 2.42m；A7 站潮汐峰值出现时间较 A6 站提前约 1h。采用 Pan 等（2018）提供的 MATLAB 程序包 S_TIDE 对 A6 站和 A7 站海面

高度资料进行调和分析，潮汐调和常数见表 5－1。两站主导分潮相同，以 M_2 和 K_1 分潮振幅最大，在 0.35～0.55m 之间；浅水分潮中，A6 站 M_4 浅水分潮振幅显著大于 A7 站，主要原因是 A6 站水深浅且受岸线影响显著所致。从澳门东侧水域分潮振幅梯度（Wang et al.，2020）可见，O_1 分潮和 M_2 分潮振幅由 S 向 N 传播过程中呈显著衰减趋势，M_4 浅水分潮振幅呈显著增强趋势。显然，A6 站紧邻澳门水道出口，水深较浅，受洪水径流及浅水分潮影响更明显。A7 站迟角总体小于 A6 站，显示潮波抵达 A7 站时间略早于 A6。两站潮汐类型计算值（方国洪 等，1986）分别是 2.07 和 1.68，为不规则半日潮型。

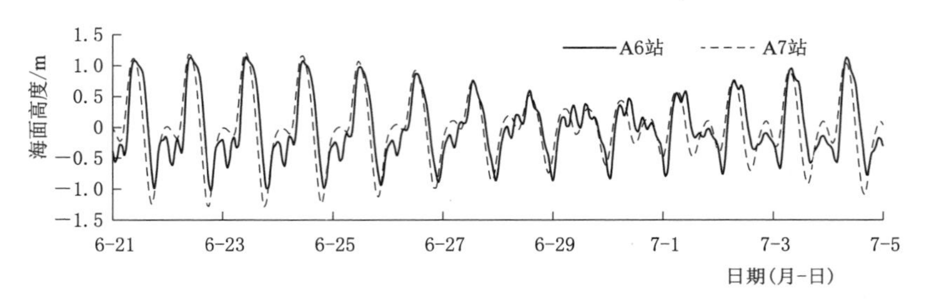

图 5－3　海面高度变化图

表 5－1　潮汐调和常数

分潮	A6		A7		潮波振幅梯度/(10^{-6}/m)
	振幅/m	迟角/(°)	振幅/m	迟角/(°)	
O_1	0.219	290	0.309	251	−29.1
K_1	0.546	341	0.489	303	9.5
M_2	0.369	305	0.476	279	−21.8
S_2	0.132	325	0.125	310	4.5
M_4	0.138	121	0.063	40	63.5
MS_4	0.025	156	0.023	111	8.4

5.2.2　半月潮流及余流整体特征

半月垂向平均涨落潮流及余流矢量特征值统计见表 5－2。夏季半月时段内，澳门东侧南端、北端水域整体涨潮、落潮流态基本一致，A6 站和 A7 站涨潮流向分别为 N 向和 NNE 向，落潮流向都为 S 向，外海侧 A7 站涨潮流态略东偏；南侧水域位于外海侧，潮流动力和余流流速整体大于北端。东北侧水域拉格朗日余流与欧拉余流基本一致，余流流速约为

2.2cm/s，潮流物质以朝 NW 向近岸输移为主，斯托克斯余流输移作用很小，可忽略不计。东南侧水域靠近外海，受珠江河口夏季西南季风影响明显，斯托克斯漂移作用显著增强，达 1.8cm/s，方向沿－6m 等深线指向东北侧伶仃洋，受此影响，拉格朗日余流流速为 5.1cm/s，小于欧拉余流（6.2cm/s），且方向较欧拉余流东偏。根据 Huthnance（1973）提出的 2 种潮余流（欧拉余流）形成机制分析，基于澳门东侧水域等深线南北走向分布态势和涨潮、落潮主动力轴线走向，科氏力效应形成的潮余流总体朝南指向外海，摩擦-平流效应在东北侧水域形成的余流总体朝北，东南侧水域总体朝南；因此，A6 站所在东北侧水域由于水深浅，欧拉余流为 NW 向说明摩擦-平流效应更为显著；A7 站科氏效应和摩擦-平流效应形成的余流都指向外海侧，但受西南季风影响，欧拉余流和拉格朗日余流都显著东偏。另外，从潮余流与地形 β 效应成正比关系来看（林其良 等，2015），东南侧 A7 站水域位置等深线分布相较 A6 站更为密集，因此 β 值更大，形成的余流流速也更大。

表 5-2　　半月垂向平均涨落潮流及余流矢量特征值统计表

浮标站	涨潮平均流速/(m/s)	涨潮平均流向/(°)	落潮平均流速/(m/s)	落潮平均流向/(°)	欧拉余流流速/(m/s)	欧拉余流流向/(°)	拉格朗日余流流速/(m/s)	拉格朗日余流流向/(°)	斯托克斯余流流速/(m/s)	斯托克斯余流流向/(°)
A6	0.209	349	0.181	177	0.023	318	0.022	319	0.001	120
A7	0.227	11	0.285	176	0.057	147	0.047	131	0.018	15

图 5-4 显示 A6 站涨潮流历时比落潮流历时略大 2%，单宽涨潮量比落潮量大 8%；A7 站落潮流历时比涨潮大 6%，单宽落潮量比涨潮量大 10%；显示洪季半月潮内澳门东北侧和东南侧水域潮流特性存在明显差异，东北侧呈现涨潮流略占优，东南侧水域为落潮优势流，北侧、南侧的岸线走向及水深地形差异是造成该现象的主要原因。A6 站位于澳门水道

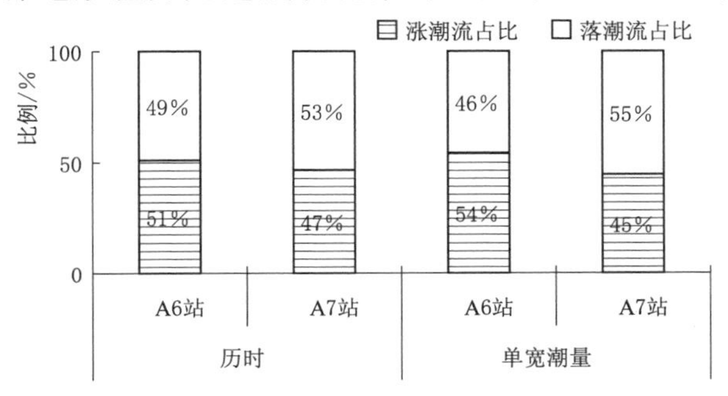

图 5-4　夏季半月垂向平均历时及单宽潮量占比图

出口外侧约3km，水深较浅且离岸很近，该位置M_4浅水分潮影响比A7站大一个数量级，引起的潮汐和潮流不对称作用是南侧、北侧水域潮流特征显著差异的重要原因。

5.3　夏季潮周期垂向平均潮流及余流特征

5.3.1　潮周期垂向平均潮流特征

珠江河口水域为不规则半日潮，以24.8h为时间单位（天文潮周期），统计夏季连续14个完整潮周期的平均涨落潮流速矢量如图5－5所示。A6站和A7站潮周期涨潮垂向平均流速时间变化线呈V形，潮动力越强，涨潮流速越大，涨潮流速最小值出现在6月29日小潮期，叠加上游洪水径流抵达口门影响，两站涨潮流速分别仅为13cm/s和17cm/s；A6站和A7站潮周期垂向平均落潮流速仍主要取决于潮型，洪水径流对其影响较小。A7站所在澳门东南侧水域落潮流速整体大于涨潮流速，洪水期（6月27—30日）最为明显；A6站洪水期（6月28日至7月1日）落潮流速略大于涨潮流速，其他时段都为涨潮流速大于落潮流速。两站潮周期内涨潮和落潮垂向平均流向较为稳定，随时间变化幅度较小。

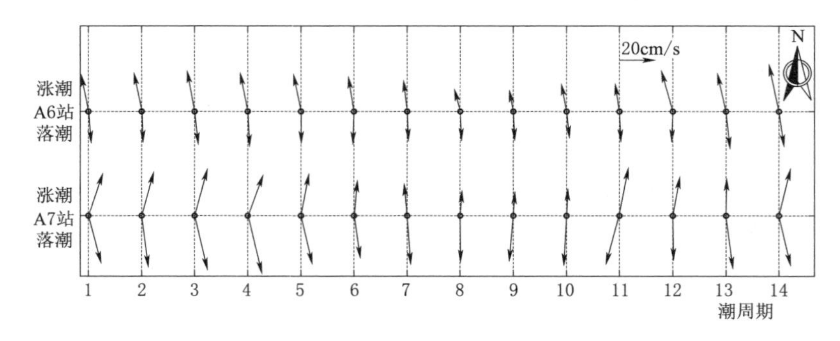

图5－5　潮周期涨落潮流垂向平均流速矢量图

图5－6为潮周期涨落潮流垂向平均历时占比变化图，涨潮历时和落潮历时占比随夏季洪水期和非洪水期呈规律性变化。洪水期，A6站潮周期落潮历时略长于涨潮流历时，其他时段都为涨潮流历时长于落潮流；A7站潮周期落潮流历时显著长于涨潮流历时，其他时段为涨潮流历时长于落潮流历时。非洪水期，澳门东侧水域整体呈涨潮流历时长于落潮流历时，南侧、北侧水域涨潮流历时和落潮流历时基本一致；洪水期，东南侧水域

落潮流历时显著延长，东北侧涨潮流历时和落潮流历时基本相等，因此部分时段澳门东侧水域会形成潮流的辐散流态，容易导致东南侧高盐咸水向近岸入侵。

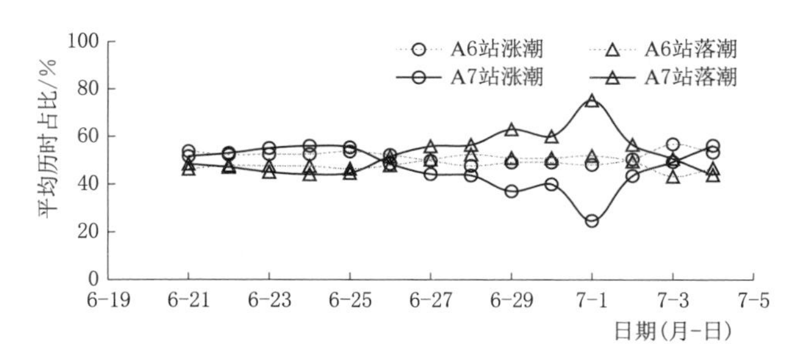

图 5-6　潮周期涨落潮流垂向平均历时占比变化图

5.3.2　潮周期垂向平均余流矢量特征

为分析潮周期垂向平均余流的连续变化特征，图 5-7 给出了 A6 站和 A7 站 14 个连续潮周期的垂向平均欧拉余流、拉格朗日余流和斯托克斯余流矢量变化图。夏季，澳门东侧水域洪水期和非洪水期的潮流物质净输移方向存在显著差异。洪水期，总体朝南侧外海方向净输出，垂向平均拉格朗日余流和欧拉余流流速在东北侧水域不超过 3.0cm/s，东南侧水域在 3.0～16.0cm/s 之间。非洪水期，东北侧水域潮流物质朝近岸方向输送，且拉格朗日余流流速大于洪水期；东南侧水域朝东侧净输移，最大拉格朗日余流流速小于洪水期。东北侧水域斯托克斯余流漂移流速很小，洪水期

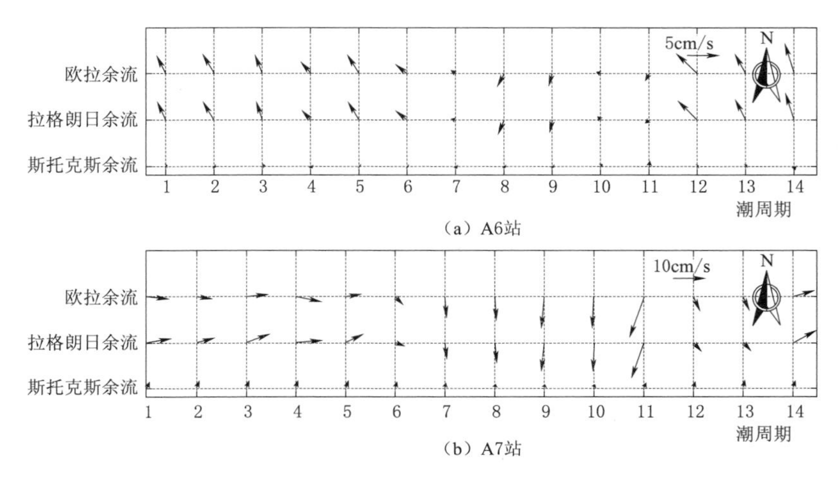

图 5-7　连续潮周期垂向平均余流矢量图

较非洪水期略有增强，方向与净输移方向相反；东南侧水域斯托克斯余流流速洪水期较非洪水期有所减弱，流速较大且方向与海面风向基本相同。斯托克斯漂移代表平流净输移（欧拉余流）外的潮汐和潮流不均匀变形作用，该水域总体表现为平流净输运越强、漂移作用也越强。海面风对东南侧水域的斯托克斯漂移起主导作用，但对东北侧水域影响不明显，而洪水期潮流物质的稳定朝外输出对海面风引起的漂移具有抑制作用。

5.3.3 潮周期净通量变化特征

图5-8统计了A6站和A7站在E向和N向的潮周期平均单宽净通量，正值表示与该轴正向相同，负值表示相反。E向，洪水期（第7～第10个潮周期），南、北两端水域径潮通量相差不大，潮周期净通量不超过100.0m^3，且东南侧水域部分潮周期内朝西侧净输运（欧素英，2005）；非洪水期，A7站所在东南侧水域净通量远大于东北侧水域A6站，且呈现南端朝东、北端朝西的反向净输运，考虑两站相距较近且东南侧外海水域潮流物质自西向东净输运动力强劲，会在其北侧形成自东向西的反向补偿流，是造成澳门东北侧水域潮流物质朝近岸输送的主要原因之一。N向，更多体现上游、下游径潮动力的连贯性，因A6站紧邻A7站上游，非洪水期的第1～第5个潮周期，两站净通量相差不大且都以朝南侧外海输运为主，具有较好的连续性；洪水期的第7～第11个潮周期，A7站朝外海侧的净通量远大于A6站，且E向净通量很小，与洪水期A7站位于伶仃洋西侧主要径潮通道位置密切相关；洪水后期的第12和第13个潮周期为中潮过渡期，呈北侧水域朝N净输运、南侧水域朝S净输运的分离流态势，加剧了北侧水域自东向西的补偿流运动，如在第12个潮周期内，A6站自东向西净输移量达到该次14个潮周期内的最大值227.0m^3/m，E向拉格朗日余流流速也达到最大值3.4cm/s。

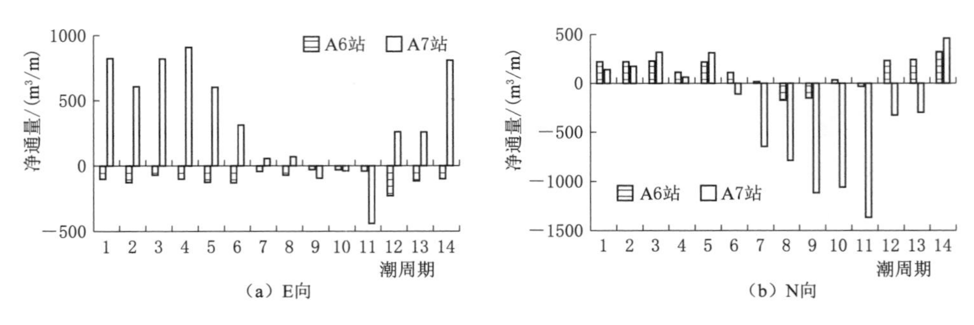

图5-8 A6站和A7站潮周期平均单宽净通量比较

因此，夏季澳门东侧水域潮流物质的净输运方向受珠江河口外海侧 NE 向沿岸流和季风影响明显（Fang et al.，1998），表现为自东向西的补偿流态势，口门外侧表现为自西向东的沿岸流。分析认为夏季非洪水期澳门东侧水域存在一逆时针的余环流，澳门水道下泄径流主要贴近澳门东侧近岸水域朝外海输运；小潮向大潮过渡的中潮期间出现北侧朝北、南侧朝南净输运的分离流态势，进一步加强澳门东侧水域自东向西的潮流净输运补偿流。

5.4　夏季潮周期余流及动力作用时空变化特征

5.4.1　余流时空特征

图 5-9 为 A6 站和 A7 站潮周期余流矢量垂向分层时空变化图，垂向为相对水深，0 代表近水面层，1 代表近河床底层。6 月 29 日至 7 月 1 日洪峰抵达口门前后，A6 站水域分层余流流速很小，处于滞流状态；其他时段，受海面 SW 风影响，表层（0）余流流速在 10～20cm/s 之间，流向变化范围为 NE～N；0.1～0.4 层范围属于过渡层，余流流态在时空范围内呈顺

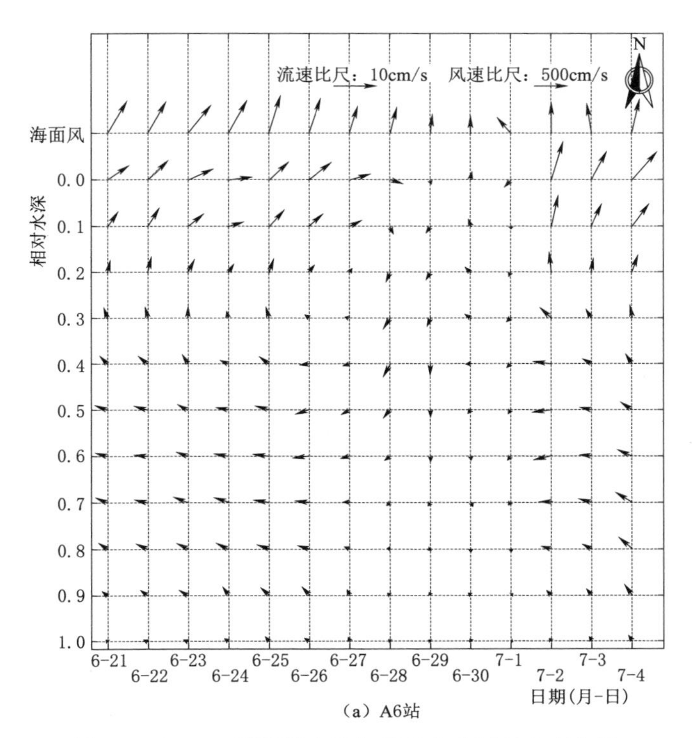

(a) A6站

图 5-9（一）　潮周期余流矢量垂向分层时空变化图

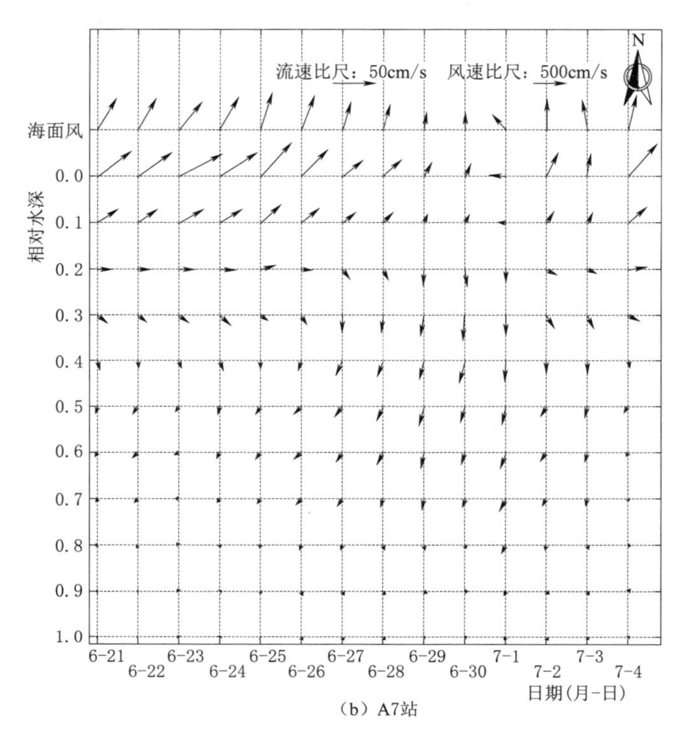

（b）A7站

图5-9（二） 潮周期余流矢量垂向分层时空变化图

时针旋转，由表层NE向过渡到0.5层的W向，余流流速在20cm/s以内，呈典型余环流特征（沈焕庭 等，2001，1992），极易导致悬沙的聚集和沉积（刘伟 等，2018）；0.5～1.0层水深范围余流流速在0～10cm/s之间，以W～NNW向为主。东北侧水域表层净向E、底层净向W的垂向余环流结构与洪季伶仃洋西侧南北走向的河口锋带密切相关（Ou et al.，2009）。

受海面SW风影响，A7站半月时段内0～0.1近表层余流指向NE，余流流速在60cm/s以内，7月1日受SE风及洪水影响，近表层余流转为W向。A7站所在东南侧水域近表层水体受SW风影响显著，净通量指向伶仃洋口门内侧，中层、底层仍朝口门外净输出，洪水期会加强径潮流朝口外净输出的趋势，余流垂向呈现典型河口风作用下的两层流结构（Weisberg，1976）。

比较风向与垂向分层余流流向，表层约10%水深范围余流流向与海面风向具有较好的跟随性，且影响可达水面以下40%的水深范围；受其影响，澳门东侧水域表层、底层潮量净输运方向呈反向结构，南侧、北侧水域在中层、底层余流流向的分离态势是海面风、岸线及地形影响共同作用的结果，会导致外海高盐水体由中层、底层向澳门近岸入侵。比较海面风向与潮周期垂向平均输移方向，净通量整体方向受海面风影响不明显，受洪水影响显著。因此，澳门东侧水域海面风对近表层潮量净通量影响显著，但对河口潮流整体净输运影响不明显（包芸 等，2003）。

5.4.2 余流分量时空特征

图 5-10 给出了 A6 站潮周期平均欧拉余流、拉格朗日余流和斯托克斯余流 E 向分量和 N 向分量的时空变化，垂向用相对水深表示（0 表示近水面，1.0 表示近河床）。可见，欧拉余流和拉格朗日余流时空变化规律基本一致，呈现 N 向余流分量大于 E 向分量、表层大于底层的分层结构特征。斯托克斯余流较小，E 向分量不超过 1.0cm/s，N 向分量不超过 2.0cm/s。非洪水期，拉格朗日余流 E 向分量以 0.3 层为界，呈表层朝东、中底层朝西的反向净输运结构，N 向分量全部指向上游方向，近表层为主要输运通道（约 0～0.4 层）。洪水期（2020 年 6 月 27 日至 7 月 3 日），下泄洪水径流动力强劲，拉格朗日余流 E 向沿水深分层余流不超过 2.0cm/s，总体指向西侧；N 向分量沿水深为朝口外净输出为主，中层水深是潮流物质朝口外输出的主要通道。非洪水期，以 0.4 层位置为界，斯托克斯余流 E 向

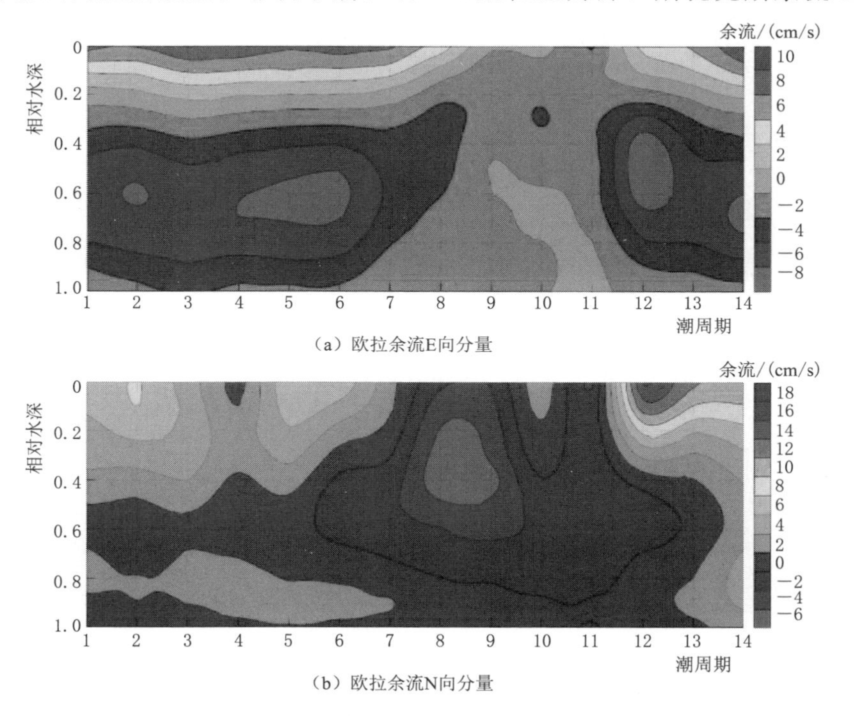

（a）欧拉余流E向分量

（b）欧拉余流N向分量

图 5-10（一） A6 站余流 E 向和 N 向分量时空分布图（参见文后彩图）

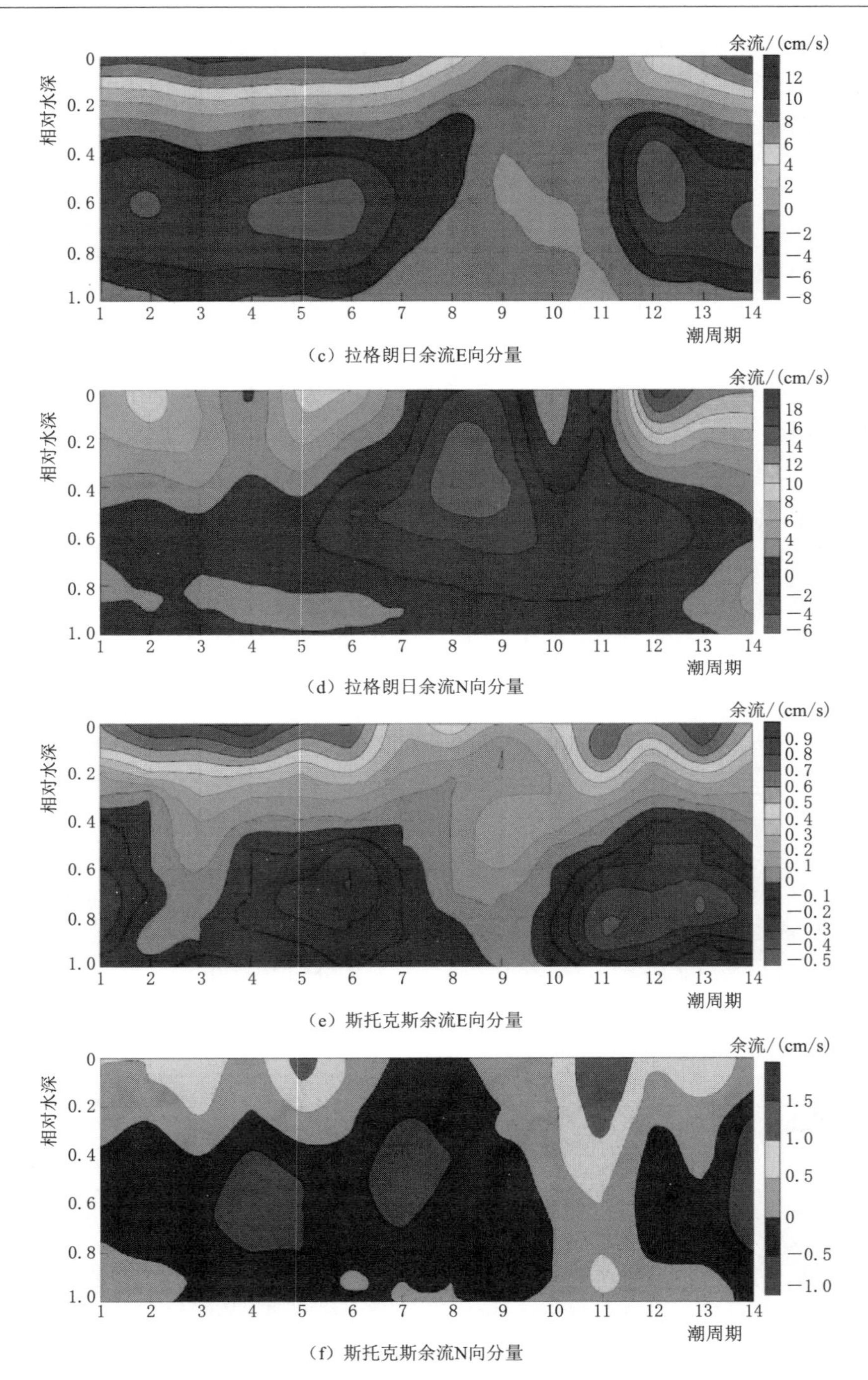

(c) 拉格朗日余流E向分量

(d) 拉格朗日余流N向分量

(e) 斯托克斯余流E向分量

(f) 斯托克斯余流N向分量

图5-10（二）　A6站余流E向和N向分量时空分布图（参见文后彩图）

分量呈上层朝E下层朝W、N向呈上层朝N下层朝S的垂向反向输运结构；洪水期，下泄径流动力增强，削弱了E向斯托克斯漂移动力，N向分量S向漂移强度则有所增强。

图5-11为A7站余流E向分量和N向分量的时空分布。欧拉余流和拉格朗日余流时空变化规律基本一致，其在E向分量不超过70cm/s，N向分量不超过60cm/s；斯托克斯余流E向分量和N向分量不超过5.0cm/s，N向分量大于E向分量。拉格朗日余流E向分量在非洪水期，垂向呈2～3层结构，近表层（0～0.4层）和近底层（0.8～1.0层）都指向东侧、中层（0.4～0.8层）指向西侧。洪水期，受径流动力增强和阻隔，表层E向净输运流速迅速减小，并在第11个潮周期（7月1日）与中层一并朝W，影响直达底层。斯托克斯余流E向分量较小，不超过2.0cm/s，垂向上总体指向东侧，洪水期有所减小。拉格朗日余流N向分量所有潮周期内表层（0～0.2层）净输运方向始终指向上游，中层和底层总体指向下游外海侧；但洪水期（6月27日至7月4日），表层流速有所减小，中层（0.2～0.6层）区域朝外海净输运流速显著增大，最大出现在第10个潮周期内（6月30日），约32cm/s。所有潮周期内斯托克斯余流N向分量漂移作

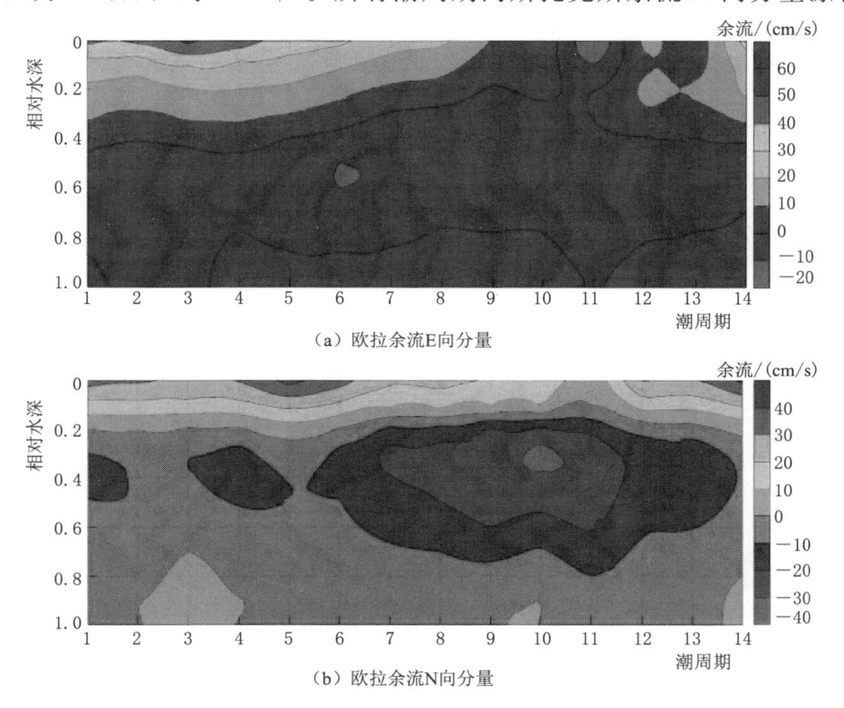

(a) 欧拉余流E向分量

(b) 欧拉余流N向分量

图5-11（一）　A7站余流E向和N向分量时空分布图（参见文后彩图）

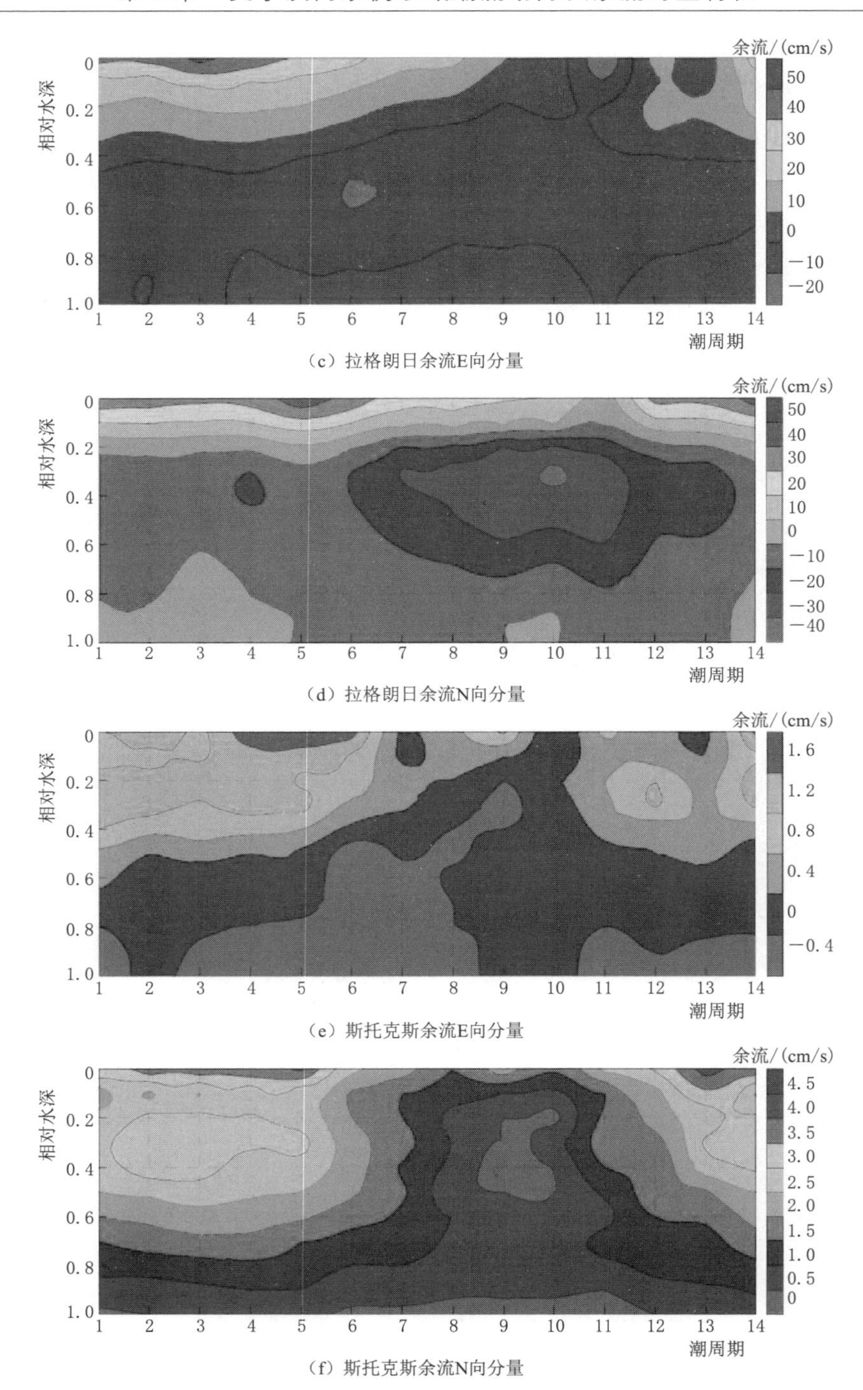

图5-11（二）　A7站余流E向和N向分量时空分布图（参见文后彩图）

用引起的净输运方向都指向上游，总体不超过 5.0cm/s，呈由表层至底层逐渐减小的趋势，洪水期有所减小。

5.4.3　潮流历时的时空特征

图 5-12 给出了半月时段内 A6 站和 A7 站涨潮流历时占比之差（＝涨

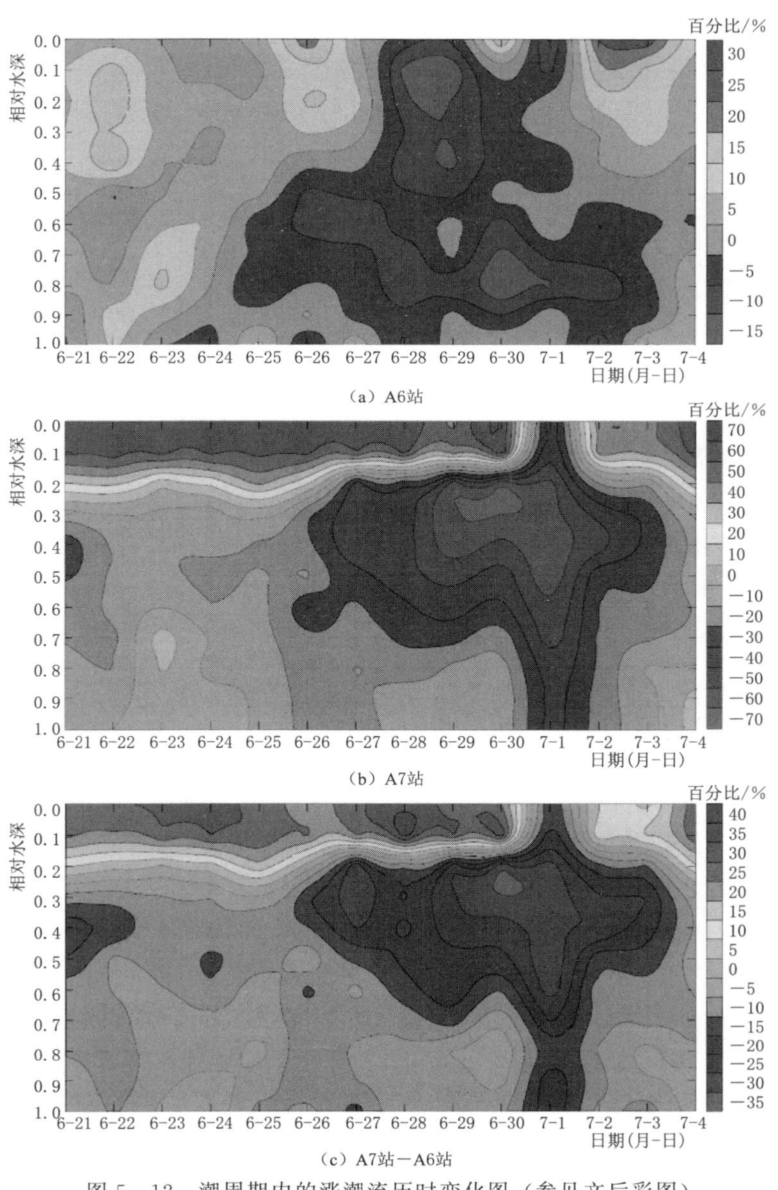

图 5-12　潮周期内的涨潮流历时变化图（参见文后彩图）

潮流历时占比－落潮流历时占比）及两站涨潮流历时差比较的时空分布。A6 站半月时段内表层、中层、底层沿水深方向涨潮流历时和落潮流历时总体相差不大，涨潮流历时略大于落潮流，洪水期落潮流历时长于涨潮流。A7 站半月时段内表层大部分时间为涨潮流，中层、底层则由补偿流及洪水径流影响等原因，落潮流历时占优；洪水期间，主要是中层涨潮流历时受到明显影响，0.3～0.7 层水深位置落潮流历时显著延长。

由于 A6 站和 A7 站距离较近，天文潮以 M_2 分潮为主，涨潮和落潮流态基本相似，但两站涨潮流和落潮流分层历时存在显著差异。从图 5－12（c）可见（A7 站涨潮流历时占比－A6 站涨潮流历时占比），近表层为 A7 站涨潮流历时显著大于 A6 站，潮周期内平均差值约为 23%，中层、底层为 A7 站涨潮流历时小于 A6 站，尤其以 6 月 27 日至 7 月 3 日洪水期中层最为显著，A7 站涨潮流历时比 A6 站平均小 28%左右。因此，洪季澳门东南侧水域表层涨潮流历时显著长于东北侧表层水体、而中底层则小于东北侧，导致澳门东侧水域出现“表层汇、中底层散”的流态结构，洪水期该趋势显著加强，受西侧岸线制约，形成的垂向动力结构会加剧表层冲淡水向东侧漂移、底层高盐水向近岸入侵。因此，澳门东侧水域潮流特征的主导动力因子除潮汐外，海面风和洪水径流影响也较为显著；造成澳门东北侧水域和东南侧水域潮流动力差异的原因主要是 A6 站 M_4 浅水分潮影响更为显著，岸线和浅滩摩阻应力造成的潮汐捕集效应（时钟等，2019）影响到潮流历时及相位差是造成南北动力差异的主要原因。

5.4.4　净通量及余流与海面风和潮动力的相关性分析

采用皮尔逊法计算 A6 站和 A7 站潮周期平均潮差、海面风与净通量及表层拉格朗日余流的相关系数，结果如图 5－13 所示。A6 站平均潮差与净通量 E 向分量和 N 向分量的相关系数仅为 0.03 和 0.28，相关性很差；A7 站潮差与净通量 E 向分量和 N 向分量的相关系数都达 0.7。显示 A6 站所在澳门东北侧水域潮动力对潮流物质净输运强度影响不明显，但对 A7 站所在东南侧水域影响显著，呈现潮动力越强、净输运强度越大的变化趋势。A6 站和 A7 站海面风 E 向分量与净潮通量 E 向分量相关系数分别为－0.15 和 0.83，海面风 N 向分量与净通量 N 向分量相关系数分别为 0.7 和 0.9。显示，澳门东北侧水域，海面风对南北向（N 向）潮流物质净输运强度影响显著，但与东西向（E 向）净输移量相关性很小。东南侧水域，不论是南北向还是东西向潮流物质净输移强度，都与风速大小密切相关，且海面风速越大、净通量越大。A6站和A7站海面风和表层拉格朗日余流E向分量相关系数分别为0.81和0.97，N向分量相关系数分别为0.63和0.94，显示澳门东侧水域水面表层流速与海面风速密切相关，呈现风速越大、表层流速越大的趋势。

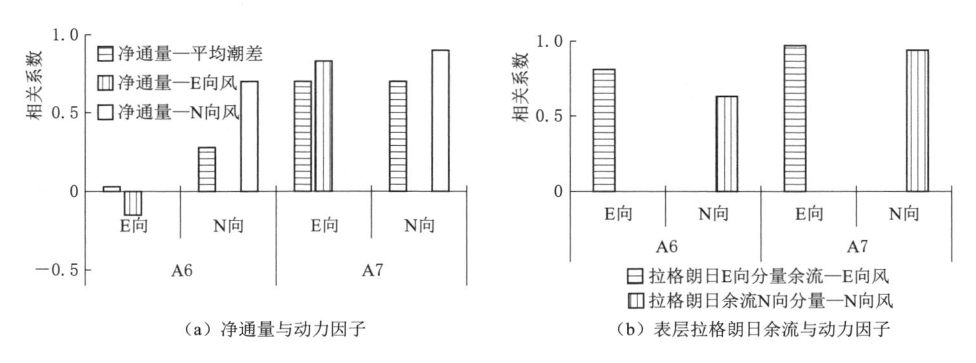

（a）净通量与动力因子　　（b）表层拉格朗日余流与动力因子

图5-13　潮周期净通量和表层拉格朗日余流与动力因子的相关系数

5.5　夏季垂向流速梯度及含沙量时空特征

5.5.1　垂向流速剪切梯度分布

图5-14给出了A6站和A7站垂向流速梯度时空分布图。在海面风影响下，近表层流速剪切梯度峰值一般出现在潮周期中的第二次涨憩（最高潮位）至落憩时段（最低潮位），其中涨急至涨憩时段内，海面风形成的流速剪切梯度主要局限在表层范围内，落憩阶段，其影响水深可直达水体底层，其原因主要是由于洪季盛行SW风，涨潮流向与风向接近一致，而落潮阶段，风向与落潮流向相反所致。A6站所在澳门东北侧水域垂向流速梯度大多在0.5m/(s·m)以内，由于水深较浅，海面风造成的垂向流速剪切梯度很容易影响到水体底层，导致部分时段河床底层流速剪切梯度较大。A7站水深相对较深，海面风影响主要局限在表层3m水深范围内，流速剪切梯度最大值也出现在洪水期6月30日落憩时段近表层1.5m左右的水深位置，达到1.06m/(s·m)，大部分时段不超过0.1m/(s·m)。比较可见，A7站位于澳门东南侧外海，受海面风影响更明显，最大垂向流速剪切梯度显著大于东北侧水域A6站，但由于水深较深，其影响主要局限在近表层水深范围，最大流速梯度剪切力也出现在近表层；A6站位于澳门东北侧水域，尽管海面风引起的流速梯度整体小于A7站，但由于水

深较浅，其影响直达底层，在床面摩阻力的共同作用下，引起底层剪切应力显著增强，整体大于A7站所在东南侧水域床面剪切应力，且最大剪切应力也出现在近底层水域。

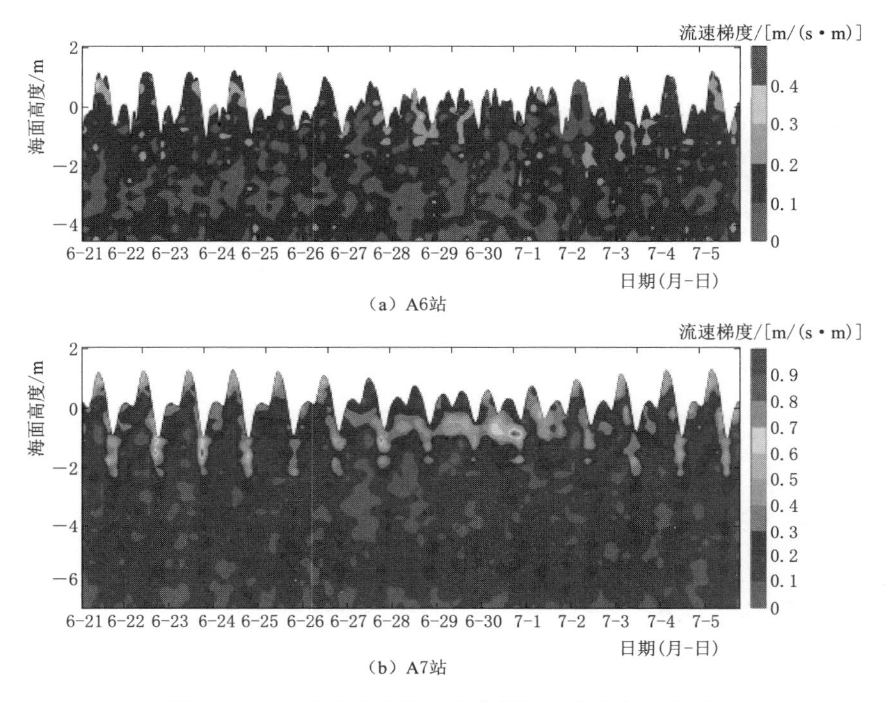

图5-14 垂向流速梯度时空变化图（参见文后彩图）

5.5.2 含沙量时空变化特征

水体垂向流速梯度与河口分层水体之间的剪切作用和紊动密切相关，流速梯度越大，剪切作用力越强，分层水体间混合作用也越强（侯伟芬等，2016），紊动也更剧烈，水深较浅时，海面风引起的垂向剪切直达海床，与床面边界层共同作用，容易造成床面泥沙的启动和悬浮。图5-15给出了半月时段内A6站和A7站在0.2层水深位置观测的含沙量随潮汐时空变化图。该水深层内A6站和A7站平均含沙量分别为0.065kg/m^{3}和0.036kg/m^3。14个潮周期内含沙量峰值出现时间与低低潮位出现的落憩时段具有很好的对应关系，如A6站最大含沙量近0.16kg/m^3，出现在第14个潮周期的7月4日15：00—18：00，对应该潮周期内17：00左右出现的最低海面高度−0.78m；A7站含沙量整体很小，峰值主要出现在潮周期内的第二次落潮及落憩阶段，观测到最大含沙量仅0.12kg/m^3，出现在第5个潮周期第二次落急阶段，该站其他潮周期内的最大含沙量也总体出现在落憩时段。洪水期（6月27日至7月3日），A6站和A7站在0.2层水深范围内平均含沙量为0.05kg/m³和0.03kg/m³，小于非洪水期的平均含沙量0.072kg/m³和0.04kg/m³，显示洪季澳门东侧水域海面风作用下的流速梯度剪切力增强引起的床沙再悬浮对水体含沙量影响更为显著，而洪水期大量淡水径流下泄在伶仃洋口门区形成的密度分层则抑制了底层泥沙向表层的输运，可能是导致洪水期近表层含沙量低于非洪水期的原因。

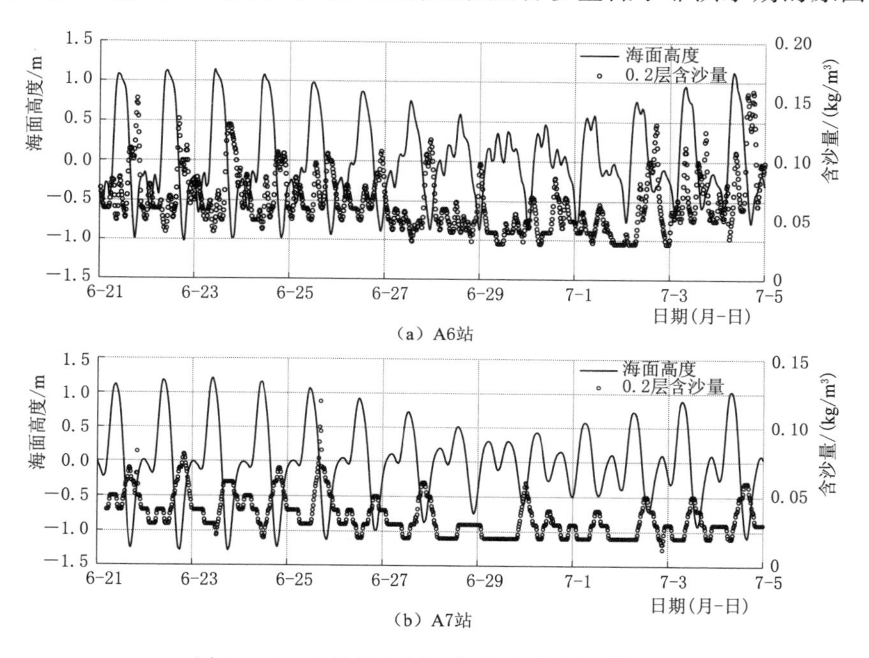

图5-15　含沙量和海面高度时空同步变化图

5.6 小结

珠江河口澳门东侧水域是伶仃洋西滩和澳门水道夏季重要的水沙输运通道，基于洪季实测资料分析显示，澳门东侧水域为不规则半日潮流，夏季澳门东侧水域整体涨潮平均流速为21～23cm/s，落潮平均流速为18～29cm/s，涨潮流态为N～NNW向、落潮流态为S向，流态基本稳定，靠外海侧潮流动力更强。潮周期内水域平均流速主要取决于潮型大小，洪水径流主要对余流和历时有较明显影响，洪水期水域北侧形成滞流区，南侧水沙朝伶仃洋口外净输移。40%水深范围内的水流垂向动力结构受海面风影响显著，且近海面10%水深范围余流流向与海面风风向具有较好的跟随性；SW风作用下，最大垂向流速梯度出现在潮周期内的第二次涨憩至落憩阶段，与潮周期内的最大含沙量出现时间相对应，由于水域北侧水深浅，床面剪切梯度力整体大于水域南侧，导致水域北侧含沙量显著大于东南侧。综合分析来看，天文潮、洪水径流和海面风是澳门东侧水域的主控动力因子，水域北侧浅水摩擦阻力较南侧显著增强，造成垂向涨落潮流历时和相位的差异，形成该水域较为特别的"表层汇、中底层散"的垂向动力结构特征，洪水期大量淡水径流下泄进一步加剧了该趋势，导致表层冲淡水朝东侧漂移、底层高盐水向近岸入侵。

分析夏季潮周期垂向平均欧拉余流、拉格朗日余流和斯托克斯余流时空变化特征显示，半月时段内，北侧水域潮流物质整体输移方向指向西北、南侧指向东南，拉格朗日余流流速分别为2.2cm/s和5.1cm/s，略小于欧拉余流。受海面西南季风影响，南侧、北侧水域表层欧拉余流、拉格朗日余流和斯托克斯余流流向均为NE向。潮周期垂向平均余流在洪水期指向外海侧，非洪水期北侧水域指向近岸、南侧水域指向伶仃洋河口东侧。海面风主导东南侧水域的斯托克斯漂移强度，对东北侧水域影响不明显，洪水期径流动力增强会削弱海面风引起的漂移作用；但南侧、北侧水域表层潮流物质输运强度和方向都与海面风密切相关。基于余流流态结合净潮通量分析显示，夏季澳门水道出口以下水域存在较为稳定的逆时针余环流，初步分析其原因主要是珠江河口外海侧强劲的东北向沿岸流引起澳门东侧水域形成自东向西的补偿流所致。夏季该独特的动力结构会截获上游东四口门下泄部分潮流泥沙随涨潮流重新进入澳门水道，导致澳门水域滩槽淤积及水体交换不畅。

第6章　洪枯季澳门机场周边水域潮流动力特性分析

6.1　澳门机场东侧水域洪枯季潮流动力特征

6.1.1　历年洪枯季典型实测水文资料

澳门附近水域受岛屿分隔，水域内形成东西向的澳门水道。该水道西接洪湾水道，东连伶仃洋，南北方向有湾仔水道和十字门水道，各水道互相贯通，呈“十”字形交汇。澳门水道水沙汇入伶仃洋，是澳门附近水域泄洪、输沙和潮流的主要通道。为分析不同径潮动力组合下澳门机场周边水域潮流动力特性，分别选取了临时测点和浮标测站的水文资料。澳门水域历年测点位置坐标见表6-1。

表6-1　澳门水域历年测点位置坐标统计表

测　点	纬　度	经　度
巡3	22°10′14″	113°34′52″
散5	22°10′26″	113°35′4″
散2	22°11′11″	113°36′27″
巡1	22°11′7″	113°37′4″
机场浮标站	22°8′8″	113°36′8″
巡2	22°6′49″	113°36′44″
散3	22°6′43″	113°36′41″

（1）临时布测3次：1994年7月23—31日（简称“94·7”）的4个测点（巡1～巡4），1997年8月31日至9月4日（简称“97·9”）的5个测点（散1～散5），1997年3月25—30日（简称“97·3”）的3个测点（散1～散3，与“97·9”散点一致）。

（2）固定浮标测站1个：机场浮标站，浮标站的投放时间是2015年年底。

根据临时测点和浮标站与澳门机场的位置关系及时间点，可以将澳门机场周边水域大体分为北侧水域和南侧水域，各站点实测时间及所处位置见表6－2。

表6－2　　澳门机场东侧附近水域历年洪枯季测点布置表

洪枯水期	北侧水域	南侧水域
洪水期	“94·7”巡1，巡3	“94·7”巡2，机场浮标站（2016年8月）
中水期	“97·9”散2，散5	“97·9”散3
枯水期	“97·3”散2	“97·3”散3，机场浮标站（2016年5月）

6.1.2　洪中枯水期的潮流动力特征

洪水期以“94·7”为典型，实测站点涨落潮流速、流向和历时，结果如图6－1所示。其中，巡1和巡3的水文测验时间处于大潮～中潮期，巡2的水文测验时间处于小潮期，分析结果如下。

（1）潮动力越强，涨落潮流速越大，如机场北侧水域巡3测点的表层、中层、底层涨潮平均流速比机场南侧水域巡2测点分别大56.2%、25.7%、19.5%，落潮平均流速分别大33.8%、17.3%、9.3%；潮流动力越弱，涨潮流速和落潮流速相差越大，如北侧水域落潮流速整体比涨潮流速大约41.4%，南侧水域大约62.5%。

（2）机场北侧水域表层、底层涨落潮流向基本一致，涨潮、落潮主流向都是以NW向和ESE向为主；南侧水域表层和底层涨潮主流向分别是NNE向和WNW向，底层涨潮流向明显较表层向左偏转，落潮主流向都以SSW向为主。

（3）大潮时，机场北侧水域表层、中层、底层涨落潮流历时相差不大，涨落潮流历时之比为0.82；小潮时，机场南侧水域表层、中层、底层平均涨落潮流历时之比为0.14，显示涨潮流历时显著减小，落潮流历时显著延长，且呈现由表层至底层涨潮流历时增大的趋势。

（4）机场周边水域余流流速整体呈现由北向南递增趋势；表层余流都大于底层，且越往南，表层、底层之间的余流相差也越大；从余流流向来看，机场东北侧水域余流流向以S向为主，机场北侧澳门水道出口余流流向以ESE向为主，机场南侧水域余流流向以SSW向为主，机场周边水域余流流向由北向南总体呈现顺时针偏转趋势。

中水期以“97·9”为典型，为大潮期，实测站点涨落潮流速、流向和历时如图6－2所示。分析结果如下。

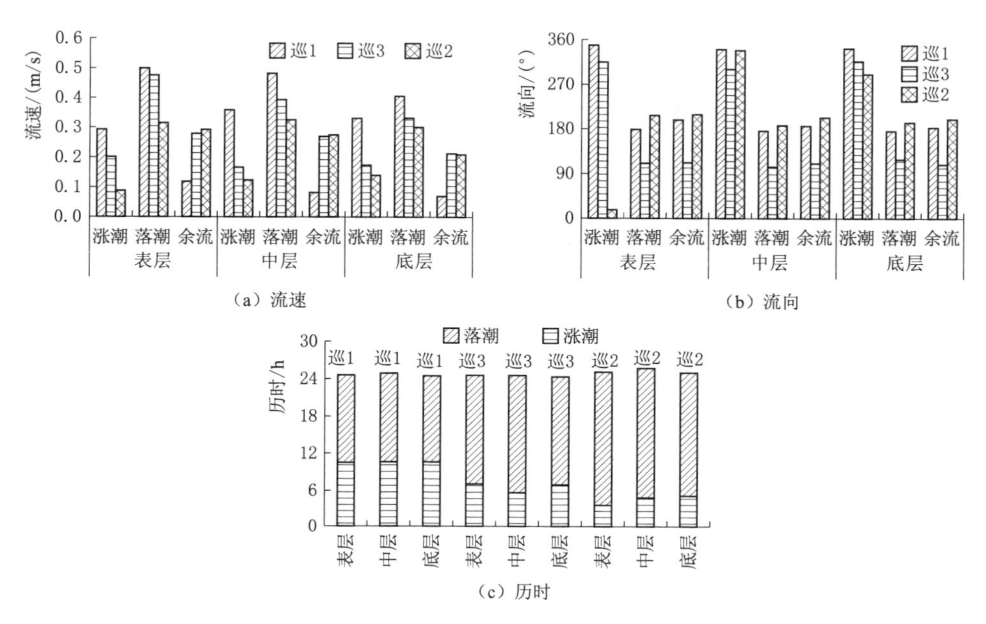

（a）流速

（b）流向

（c）历时

图 6-1 澳门机场东侧水域“94·7”洪水期潮流特征值

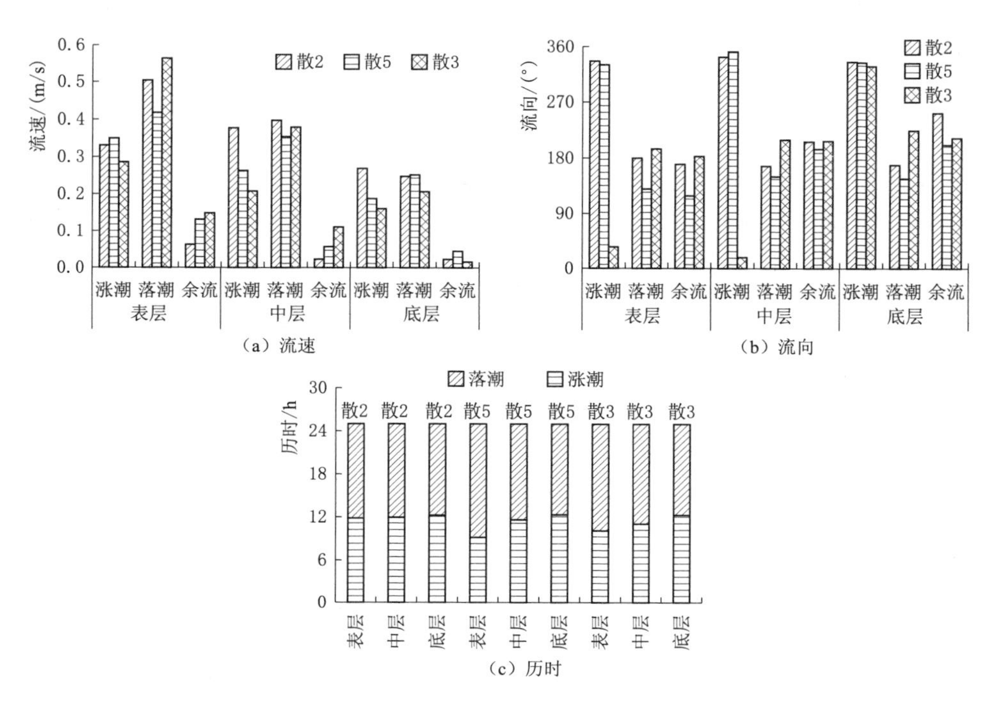

（a）流速

（b）流向

（c）历时

图 6-2 澳门机场东侧水域“97·9”中水期潮流特征值

（1）涨潮流速总体由北至南递减，表层落潮流速南侧水域大于北侧，中层相差不大，底层北侧大于南侧；落潮流速整体大于涨潮流速。

（2）机场北侧水域涨潮流主流向以 NNW 向为主，落潮流向以 SE～S 向为主；机场南侧水域落潮流以 SSW 向为主，较为稳定，涨潮流向由表层的 NE 向变化到底层的 NNW 向，随水深呈现左偏。

（3）机场东侧水域平均涨潮、落潮流历时之比为 0.85，与洪水大潮期基本一致，可见大潮时澳门周边水域主要由潮汐动力控制，径流作用不明显；涨潮流历时随水深有所增加；机场南侧水域涨潮流历时略小于北侧，落潮流历时则相反。

（4）机场周边水域表层和中层余流流速由北向南递增，底层余流流速很小；表层余流都大于底层，差值由北向南扩大；从余流流向来看，机场北侧水域余流流向由表层的 ESE 向变化到底层的 SSW 向，机场东北侧水域的余流流向由表层的 S 向变化到底层 WSW 向，显示机场北侧水域余流流向随水深呈左偏；机场南侧水域表层、底层余流流向则较为稳定，以 S 向为主。

枯水期以“97·3”为典型，为中潮期，实测站点涨落潮流速、流向和历时如图 6-3 所示。分析结果如下。

（1）机场水域表层涨潮流速北侧大于南侧，底层则小于南侧，落潮流速变化趋势则相反；南北侧水域中层涨落潮流速相差不大；表层和中层落潮流速大于涨潮流速，底层略小于涨潮流速。

（2）机场北侧水域涨潮、落潮主流向分别以 N 向和 S 向为主，表层、中层、底层相差不大；南侧水域表层、中层、底层涨潮流向由 WNW 向偏转到 N 向，变化较为复杂，落潮主流向较为稳定，以 S～SSW 向为主，随水深向左偏转。

（3）机场周边水域平均涨潮、落潮流历时之比为 0.76，小于大潮期；平均涨落潮流历时随水深增加，涨潮流历时随水深增加；南侧水域涨潮流历时小于北侧，落潮流历时大于北侧。

（4）机场周边水域余流流速北侧小于南侧，表层余流都大于底层，且越往南，表层、底层之间的余流相差也越大；从余流流向来看，北侧水域余流流向由表层的 SSW 向逆时针偏转到底层的 NE 向，变化较大，南侧水域余流流向总体较为稳定，以 SSW 向为主。

机场浮标站处于澳门机场东南角水域，洪枯季流速、流向、历时统计结果如图 6-4 所示。洪季和枯季都为大潮期，分析结果如下。

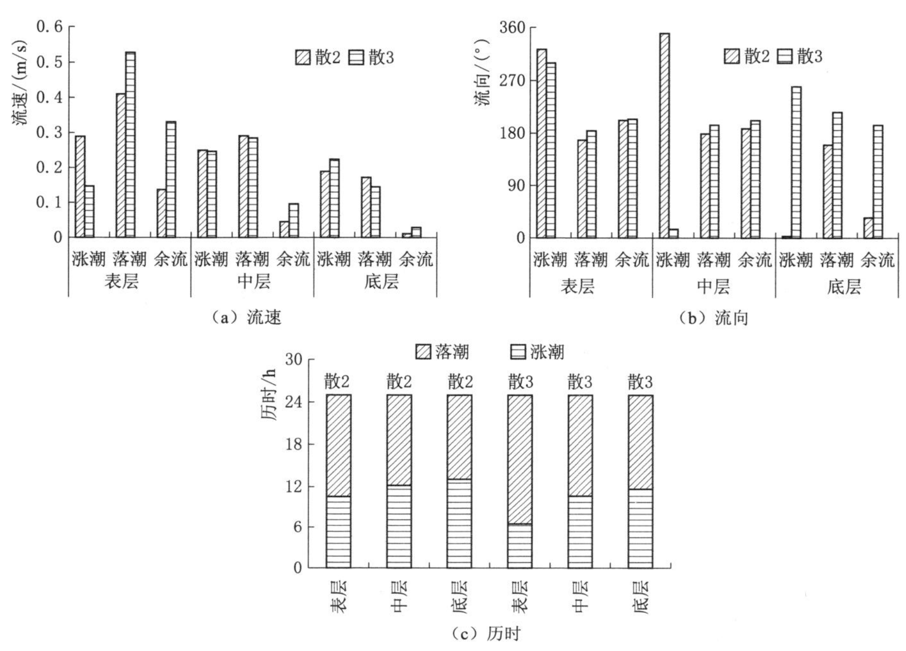

图 6-3 澳门机场东侧水域“97·3”枯水期潮流特征值

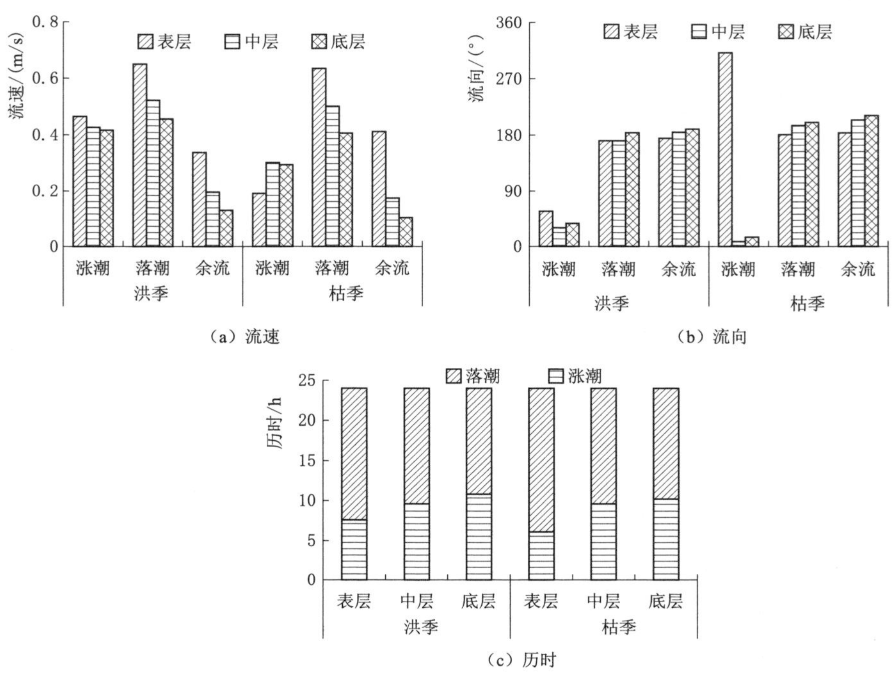

图 6-4 澳门机场东南侧浮标站潮流特征值

（1）洪季，该站点涨潮流速、落潮流速和余流流速大小由表层向底层递减；涨潮主流向由表层NNE向变化到底层的ENE向，变化幅度略大，落潮主流向以S向为主；余流为S向，表层、中层、底层基本一致；洪季涨潮、落潮平均历时之比为0.63，涨潮流历时由表层向底层递增，落潮流历时递减。

（2）枯季，该站点表层涨潮流速小于中层和底层，落潮和余流流速则由表层向底层递减；涨潮主流向由表层NNE向变化到底层的NW向，变化幅度较大；落潮流向和余流流向均较为稳定，表层、中层、底层均以SSW向为主；枯季涨潮、落潮平均历时之比为0.56，小于洪季，涨潮流历时由表层向底层递增，落潮流历时递减。

（3）洪季、枯季比较来看，机场东南角水域洪季涨潮、落潮流速整体大于枯季；洪季、枯季表层涨潮主流向变化不大，都以NNE向为主，底层洪季涨潮主流向较枯季向东偏转；洪季表层余流流速略大于枯季，中层、底层则总体相差不大；洪季涨潮流历时长于枯季，落潮流历时相反。

6.1.3　洪枯季澳门机场东侧水域潮流态势分析

图6-5为澳门机场东侧水域涨落潮特征矢量图。

（1）涨潮流态势：澳门机场东侧水域涨潮水流来自南面海区，洪季，表层涨潮流在澳门机场以南流向为NNE（巡2），至机场东南侧受岸线影响向东偏转为NE向（机场浮标站），至澳门水道出口，一部分涨潮流进入澳门水道（巡3，NW向），另一部分涨潮流则继续北上（巡1，N向）；洪季，机场东北侧、北侧和南侧底层涨潮流态势与表层基本一致，南侧水域底层（巡2）涨潮流向较表层显著向左偏转。枯季，机场周边水域表层涨潮流相较于洪季整体向西发生较大幅度的偏转，最为显著的如机场东南侧涨潮流向西偏转106°（机场浮标站），枯季底层涨潮流向主要以N向和NNE向为主，较表层向右偏转明显，较洪季也呈现向东偏转。

（2）落潮流态势：澳门附近水域落潮流来自两方面，一部分是洪湾水道至澳门水道的径流；另一部分是伶仃洋湾口的落潮主流。洪季，来自伶仃洋西滩下泄径流以S向为主（巡1），与澳门水道下泄径流（巡3）汇合后，至机场东南端受岸线走向影响，仍以S向为主（机场浮标站），与伶仃洋主槽下泄径流汇合后向西偏转，以SSW向为主（巡2），洪季表层、底层落潮流向基本一致。枯季，来自径流的作用显著减弱，与洪季落潮流

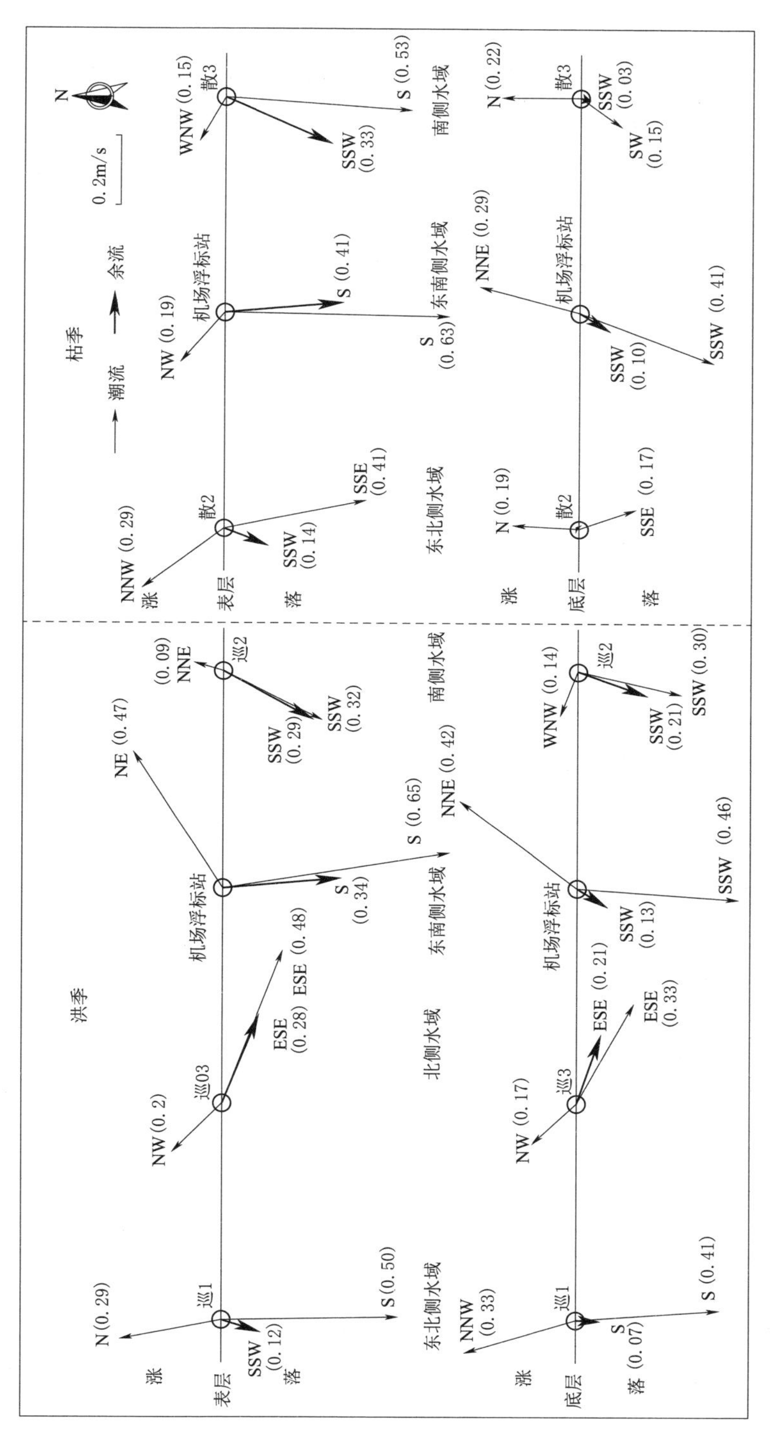

图 6-5 澳门机场东侧水域涨落潮特征矢量图

比较，呈现表层、底层整体落潮流向东略有偏转的趋势；从表层、底层落潮流向来看，机场东北侧水域表层、底层落潮流向一致，机场南侧和东南侧水域底层落潮流较表层略向西偏转。

（3）余流态势：澳门机场周边水域整体余流流态以S～SSW向为主，流向呈现环绕机场顺时针偏转态势，表层余流由北向南递增；从底层余流分布来看，整体呈现南侧水域大于北侧，与表层余流分布基本一致，但洪季底层余流明显要大于枯季；比较表层、底层余流，不论洪季还是枯季，表层余流都要大于底层，且枯季表层、底层余流相差较洪季大。整体来看，澳门水域表层余流变化范围为0.12～0.41m/s，底层余流变化范围为0～0.21m/s。

总体来看，澳门机场周边水域落潮流态都较为明确，北侧澳门水道出口以ESE向为主，东北侧伶仃洋水域以S向为主，南侧以SSW向为主，洪枯季流态及表层、底层差别不大，落潮流速总体呈现南侧大于北侧；涨潮流态则变化较为复杂，相较于洪季，枯季涨潮流态整体向西偏转，洪季底层流向较表层向左偏转，枯季则向右偏转，涨潮流速总体呈现南侧小于北侧。由于珠江河口洪季盛行SW风或SE风，枯季盛行NE风，对涨落潮流态及余流影响显著（高时友 等，2017）。另外，随着澳门半岛东侧的珠澳口岸人工岛和澳门填海A区大规模围垦造陆的完成，机场北侧澳门水道出口水域涨潮、落潮动力由于人工岛将部分向北上溯的涨潮流导入澳门水道以及束流作用，但对机场西侧水域影响不大；机场北端西侧客运码头防波堤以及氹仔岛北端浅滩的围垦工程将机场西侧水域北侧进口宽度缩短了近70%，将显著降低机场西侧水域的落潮流流势。

6.1.4 洪枯季澳门机场东侧水域涨落潮流历时分析

（1）澳门机场涨落潮流历时之比受径潮动力影响明显，潮动力越强，涨潮流历时也越长，径流动力越强，涨潮流历时则越短；“97·9”中水大潮得到的该水域表层、中层、底层涨落潮流历时之比分别为0.72、0.86、0.97，“97·3”枯水中潮得到的该水域表层、中层、底层涨落潮流历时之比分别为0.5、0.85、1.0，除表层略有差距外，中层和底层相差较小，得到澳门水域大潮和中潮表层、中层、底层平均涨落潮流历时之比约为0.6、0.9、1.0；“94·7”获得的澳门水域小潮期的表层、中层、底层涨落潮之比为0.1～0.2，远小于大潮和中潮。

（2）澳门水域北侧涨潮流历时整体大于南侧，落潮流历时则整体小于南侧，且呈现潮型越小，南北侧涨落潮流历时相差越大的趋势；从澳门机场周边水域“97·9”和“97·3”同步水文测验来看，“97·9”中水大潮（图6-2）得到的澳门北侧水域和南侧水域涨潮、落潮流历时之比分别为0.87和0.81，“97·3”枯水中潮（图6-3）得到的澳门机场北侧水域和南侧水域涨潮、落潮流历时之比分别为0.93和0.66。

（3）澳门机场周边水域表层、中层、底层涨落潮流历时之比总体呈现由表层向底层增加的态势：①在涨潮、落潮的交替时刻表层、底层之间存在反向流动；②表层、中层、底层涨落潮流历时之比基本都小于1说明了澳门水域基本呈现涨潮流历时小于落潮流历时，在平均落潮流速大于平均涨潮流速的实际情况下，显示物质净输出的方向指向落潮方向，与余流流向一致；③由于涨落潮流历时之比随水深增加，与表层余流随水深方向减小的趋势相对应。

6.2　澳门机场西侧水域枯季水沙动力特征

6.2.1　枯季水文观测资料

澳门氹仔岛与路环岛东侧原为面向伶仃洋的开阔海域。1993年，澳门在氹仔岛—路环东侧海域实施机场建设，1994年基本完成，机场跑道西侧水域就成为仅有南端、北端水流进出窄口的半封闭水区。该水域北口承泄澳门水道和伶仃洋西滩下泄的部分分流水沙，南口为九澳湾面向南海的泄洪纳潮口门。澳门水道位于澳门半岛和氹仔岛之间，东西长6.0km，南北宽为1.6～2.6km，水域内浅滩多，水深较浅，是澳门附近水域泄洪、输沙和潮流的主要通道。近些年，由于机场建设，南北侧口门缩窄导致机场西侧水域泄洪纳潮减少，径潮动力环境减弱，由伶仃洋西滩以及氹仔岛北侧浅滩的泥沙进入机场西侧水域后极易落淤，对该水域的水生态环境造成了显著的影响。为此，2017年12月4—5日枯季在机场西侧水域布置了6个水文观测点，其中2号测点、5号测点和6号测点同步观测了表层、中层、底层潮流和泥沙，1号测点由于水深较浅，仅测验了中层泥沙，其他测点测验了表层、中层、底层泥沙，另还有澳门机场南侧海域7号浮标站的潮流观测资料。澳门机场西侧水域测点位置见表6-3。

表 6-3　　澳门机场西侧水域测点位置坐标统计表

测点编号	纬　度	经　度
1	22°9′59″	113°35′11″
2	22°8′46″	113°35′20″
3	22°8′30″	113°35′7″
4	22°8′15″	113°35′0″
5	22°8′6″	113°35′32″
6	22°10′15″	113°34′56″

6.2.2　澳门机场西侧水域潮流动力特征

该次澳门机场西侧水域枯季实测站点涨落潮流速、流向和历时如图 6-6 和图 6-7 所示。澳门水域 7 号浮标站水文观测资料可用来分析枯季影响澳门西侧海域的南海潮流特性。该次水文测验时间处于中潮期（2017 年 12 月 6 日 15：00 至 7 日 16：00）。

（1）澳门机场西侧水域涨潮、落潮流速大小基本呈现从北侧向南侧增加的趋势，如从表层涨落流速来看，6 号、2 号和 5 号测点的表层涨潮流速分别为 0.11m/s、0.41m/s 和 0.52m/s，落潮流速分别为 0.31m/s、0.52m/s 和 1.09m/s；中层、底层趋势也基本一致；机场南侧海域 7 号测点涨潮、落潮流速都要大于机场北端，仅小于九澳湾口门测点流速；从流速沿水深分布来看，北侧进口位置 6 号测点表层涨潮、落潮流速均略小于中层和底层，2 号和 5 号测点则基本呈现由表向底层递减趋势。

（2）从涨潮、落潮流向来看，受陆域岸线约束，机场北侧水域 6 号测点表层、中层、底层涨潮方向以 W～WNW 向为主，指向澳门水道上游，落潮方向都为 SE 向，指向澳门水道出口外侧伶仃洋；机场西侧 2 号和 5 号测点受口门岸线约束，涨潮方向以 NW～NE 向为主，落潮都为 SSE 向；外海 7 号浮标站涨潮方向以 NE～NNE 向为主，落潮流都为 SSW 向；总体来看，机场西侧水域涨潮方向由表层向底层略有向西偏转的趋势，南侧外海海域 7 号测点涨潮、落潮方向沿水深总体一致。

（3）机场西侧水域 6 号、2 号、5 号测点涨潮、落潮流历时的统计结果显示，枯季机场西侧水域表层涨潮流历时小于落潮流历时，中层、底层涨潮流历时大于落潮流历时；该现象在机场南侧水域 7 号浮标站点实测显示更为显著。从机场西侧水域由北向南来看，涨潮流历时呈现减小、落潮流历时呈现增加趋势。

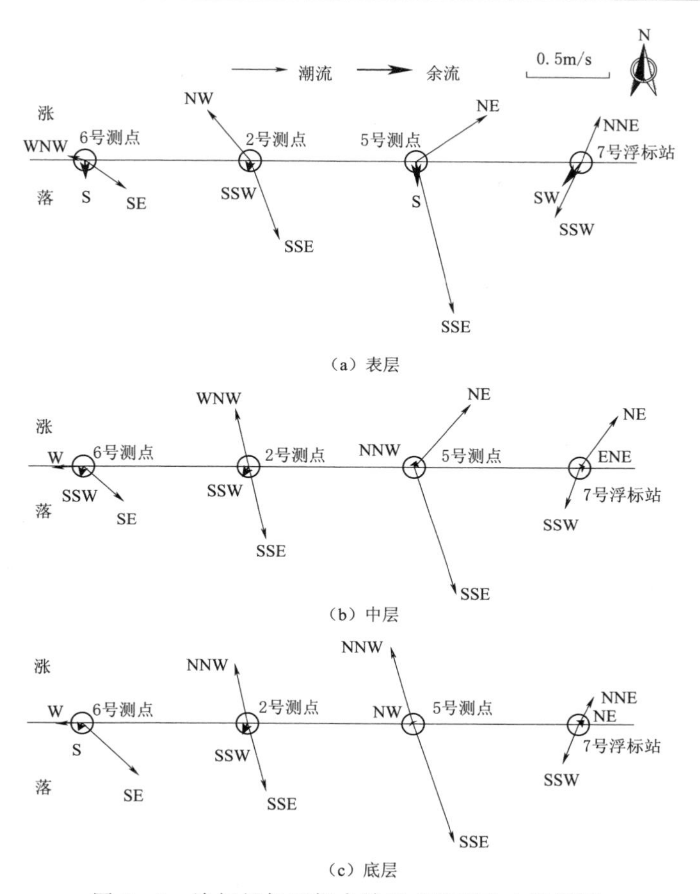

图 6-6 澳门机场西侧水域测点潮流动力特征图

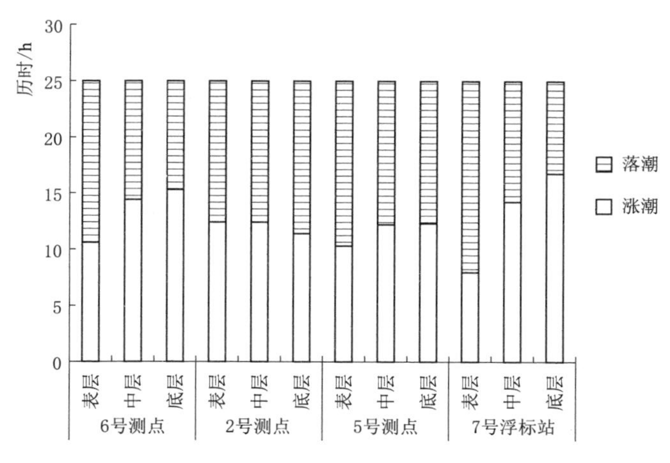

图 6-7 澳门机场西侧水域测点涨落潮流历时图

（4）枯季机场西侧余流流速都不超过0.2m/s，由表层向底层递减；机场北端进口6号测点表层、中层、底层余流流向为S～SSW向，指向机场西侧水域北端进口；2号测点表层、中层、底层余流流向为S～SSW向，指向九澳湾；九澳湾口门5号测点表层余流为S向，指向外海，中层、底层与表层相反，为NNE和NW向，指向九澳湾内；机场南侧外海7号测点表层余流为SW向，指向下游外海，中层、底层则为ENE向和NE向，指向上游伶仃洋。

总体来看，澳门机场西侧水域（含九澳湾）上游端紧邻澳门水道出口，下游端面向南海开阔海域，南海涨潮流主流向指向伶仃洋，仅部分涨潮流沿路环岛南侧岸线进入九澳湾；落潮时，澳门水道落潮流主流向指向东侧伶仃洋，仅部分落潮流沿氹仔岛北侧浅滩进入机场西侧三角水域；枯季受潮流影响显著，流速整体呈现南侧大于北侧，南北两端口门位置狭窄，其潮流流速要明显大于其他水域；流向主要受岸线走向约束，涨潮、落潮流速和流向沿水深总体相差不大；水域整体余流流速小，余流流向沿水深一致，但南端九澳湾口门位置和南侧外海呈现表层余流指向下游，中层和底层余流流向指向上游。

6.2.3　澳门机场西侧水域含沙量分布特征

图6－8和图6－9给出了该次水文实测点的含沙量特征图。其中1号测点由于水深较浅，含沙量总体沿水深变化不大，仅测了水体中层含沙量。从枯季澳门机场西侧水文实测站点含沙量分布特性来看，可以将机场西侧水域分为三块水域：第一块为以6号测点为代表的进口水域，第二块为进口至2号测点之间的三角形水域，第三块为九澳湾水域。

（1）平均含沙量总体呈现沿水深增大的趋势，从平面分布来看，澳门机场西侧水域（含九澳湾）南北两端口门位置含沙量都较大，机场西侧三角形水域含沙量分布较为均匀，九澳湾水体含沙量总体呈现由北向南递增趋势。

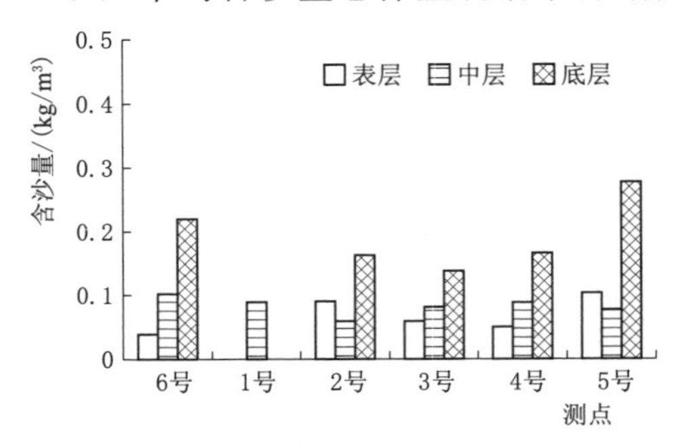

图6－8　澳门机场西侧水域测点平均含沙量图

（2）从涨潮时间段平均含沙量分布来看，表层涨潮含沙量为0.019～0.082kg/m^3，底层涨潮含沙量为0.046～0.420kg/m^3；

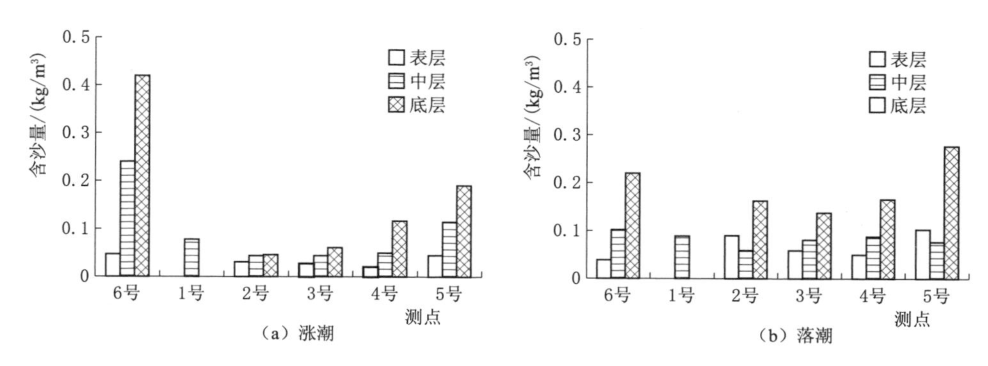

图 6-9　澳门机场西侧水域测点涨落潮平均含沙量图

涨潮平均含沙量平面分布态势总体与平均含沙量一致，也呈现南北两端口门位置含沙量较大且九澳湾含沙量由北向南递增的趋势。

(3) 从落潮时间段平均含沙量分布来看，表层落潮含沙量为 0.038～0.110kg/m³，底层落潮含沙量为 0.138～0.280kg/m³，从表层和中层含沙量来看，机场西侧三角形水域含沙量与九澳湾含沙量相差不大；底层含沙量仍以机场西侧水域南北两侧口门最大，但此时南侧口门位置含沙量要大于北侧。

(4) 从表层、底层含沙量比较来看，该次实测结果显示底层平均含沙量比表层平均要大 40%～86%，且越靠近南北两侧口门，表层、底层含沙量差别越大，如北端和南端口门位置底层含沙量比表层分别大 86%和 69.3%，形成明显的表、底分层现象；同时南、北两端口门位置水域涨潮时的表层、底层含沙量差别要大于落潮时段。

(5) 比较来看，除 6 号测点外，其他水域位置含沙量变化规律总体为：落潮平均含沙量大于涨潮平均含沙量的规律；机场北端进口位置 6 号测点的含沙量规律总体为：涨潮平均含沙量的规律大于落潮平均含沙量的规律。

因此，从枯季澳门机场西侧水域（含九澳湾）含沙量分布来看，南、北两端口门位置含沙量总体较大，且表层、底层分层显著；机场西侧三角形水域含沙量总体与九澳湾表层和中层相差不大，且涨潮、落潮期间含沙量总体变化也不大；机场西侧落潮含沙量总体大于涨潮，但北端进口水域含沙量则呈现涨潮大于落潮。

6.2.4　澳门机场西侧水域泥沙运动特征

1. 泥沙运动特性

根据机场西侧水域潮流和含沙量分布，结合机场周边水域岸线和水深变化特征，总结该水域泥沙运动特性如下。

（1）涨潮期，由路环岛以南的南海海域高含盐涨潮流（7号测点）主流向为NE～NNE向，沿机场东侧向伶仃洋上溯，同时一部分携带较高含沙量的潮流通过南端口门（5号测点），底层含沙量显著大于表层，表层、底层分层明显。进入九澳湾水域后由于流速减小，泥沙落淤，因此含沙量由口门进入九澳湾后逐渐减小，如中层含沙量由口门位置5号测点的0.115kg/m³减小至九澳湾上端2号测点的0.044kg/m³。部分涨潮流由机场西侧三角形水域南端缩窄的口门（2号测点）进入该水域。由于该水域水深较浅，同时受径潮作用，紊动掺混强烈，一方面海床底部泥沙易于悬浮，另一方面含沙量垂向分布均匀，因此含沙量增大到0.078kg/m³。机场西侧三角形水域的涨潮流由北端口门进入机场北侧水域，机场北端水域涨潮流主要来自机场东侧伶仃洋。从含沙量大小来看，机场北侧表层涨潮含沙量（0.047kg/m³）低于机场西侧三角水域的含沙量，可推测机场东侧涨潮流的表层含沙量较小，但底层含沙量出现显著异常增大，达到0.420kg/m³，显著大于机场西侧三角水域含沙量以及该水域表层含沙量，形成显著的表底分层异重流。根据分析，该底层高含沙量水体极有可能是澳门水道南侧浅滩及附近施工扰动造成泥沙大量进入水体所致。

（2）落潮期，澳门水道及澳门半岛东侧水域部分落潮流进入机场北侧水域，该水域主落潮流向为SE向，指向机场东侧伶仃洋。由于该次实测时段为枯季，水流平缓，表层、底层分层明显，表层含沙量仅为0.039kg/m³，但底层则达到0.220kg/m³。一部分落潮流通过机场北端口门进入机场西侧三角形水域，同样，该水域由于水深浅，紊动掺混强烈，含沙量增大到0.089kg/m³。落潮流抵达水域南端出口位置并进入九澳湾后，断面扩大，流速减小，九澳湾表层含沙量有所降低，但九澳湾内水域表层、底层含沙量分层同样较为明显。九澳湾内落潮流通过南端口门（5号测点）进入外海，口门含沙量呈现增大趋势，极有可能是断面缩窄、流速增大、湾内部分底部及边滩含沙量重新启动进入水体所致。

2. 悬移质泥沙输移特性

从涨潮、落潮期澳门机场西侧泥沙运动过程总结澳门机场西侧水域的悬移质泥沙输移特性如下。

（1）从泥沙的净输运来看：机场北端、九澳湾和机场南端表层、底层含沙量分层明显，且底层含沙量都显著大于表层。除机场北端水域6号测点落潮流速显著大于涨潮流速外，其他水域测点涨潮、落潮流速总体相差不大，且表层涨潮流历时小于落潮流历时、底层涨潮流历时大于落潮流历时，因此枯季澳门机场西侧水域底层净输沙方向指向上游，表层净输沙方向指向下游。澳门机场北端水域为澳门水道出口，由于该区域落潮流速显著大于涨潮，平均涨落潮流历时相差不大，因此其表层、底层泥沙净输运方向都指向下游。泥沙的净输移方向与余流方向都保持一致。

（2）从纳潮来看：澳门机场西侧三角形水域上游北端与澳门水道及伶仃洋水域连通，南端通过九澳湾口门与南海连通，此处水域受涨落潮往复流影响明显，由于水深较浅，紊动掺混强烈，含沙量垂向分布均匀，且涨落潮期间的含沙量总体变化不大，显示该水域主要为感潮水体，通过上下游端口门进入该水域的径流和潮量并不大。

（3）从表层、底含沙量分层来看：除澳门机场西侧三角形水域表层、底层含沙量掺混较均匀外，其他水域都出现了分层。澳门水道出口位置涨潮期的表层、底分层最为显著，由于该水域涨潮水体主要来自机场东侧伶仃洋，显示枯季伶仃洋湾内由南海上溯的潮流形成了显著分层现象，且该涨潮流底层含沙量要明显大于表层，5 号测点涨潮期的含沙量也验证了该现象。

6.3　澳门机场南侧海域定点海流年内变化特征分析

6.3.1　定点测站水文资料

本节所用海流数据来自珠江河口 7 号浮标站，位于路环岛以南、机场跑道东南偏南约 5.7km，站点处平均水深为 5.87m。数据垂向分辨率为 0.3～0.5m/层，垂向测量范围为 0.41～25.0m。由于潮汐涨落作用，各时刻水深有所不同，按相关水文规范，分别以 0.2 层、0.6 层和 0.8 层分别表示表层、中层、底层。采样间隔为 20min，时间为 2017 年 10 月 1 日 0 点至 2018 年 9 月 30 日 23 点，以月为单位来统计各月份的潮流特征值在年内的变化，期间 2017 年 11 月和 2018 年 7 月部分时间段内数据缺测，但不影响对年内潮流整体变化规律的分析。该浮标站实测海流数据特征值与以往对珠江河口潮流动力特征值比较结果显示，该浮标站所测数据质量普遍较好，只是在较少时刻出现异常值点，采用小波分析等方法将异常点和无效数据予以剔除，最后对空缺数据进行插值补齐，得到连续的高质量海流数据。

采用 T－Tide 潮汐调和模型（Pawlowicz et al.，2002），根据站点实

际监测数据的质量，选取站点2018年11月1—30日的潮位实测数据，以4个主分潮（O_1、K_1、M_2、S_2）对该站点的潮位特征进行了调和计算，结果见表6-4，并给出了内伶仃洋赤湾站调和分析成果（丁芮 等，2015）。结果表明，赤湾站与该站海域均以M_2分潮为主，符合该海域潮汐特性。两站点半日分潮迟角接近，但振幅相差较大，主要由于伶仃洋喇叭形河口导致潮波传播过程中的能量累积和变形所致。

表6-4　站点潮位调和常数

站点	参数	M_2	S_2	O_1	K_1
7号浮标站	振幅/m	0.43	0.13	0.30	0.40
	迟角/(°)	302.41	345.83	267.07	299.23
赤湾站	振幅/m	0.60	0.24	0.37	0.32
	迟角/(°)	298.25	338.53	321.18	259.09

采用2018年10月1—31日实测值与调和分析预测值进行了比较验证，实测值与预测值之间的相关性达到0.9，证实了调和常数的合理性。以日分潮和半日分潮的振幅值之比分析潮汐类型，潮型系数计算公式为

$$F=\frac{H_{K_1}+H_{O_1}}{H_{M_2}} \tag{6-1}$$

式中：F为潮型系数；H_{K_1}、H_{O_1}、H_{M_2}分别为K_1、O_1、M_2分潮的振幅。

规则半日潮$F\leqslant 0.5$，不规则半日潮$0.5<F\leqslant 2.0$，不规则全日潮$2.0<F\leqslant 4.0$，规则全日潮$F>4.0$。由式（6-1）计算测点海域的潮型系数为1.64，表明该测点海域潮型呈不规则半日潮特征。

6.3.2　站点潮流椭圆特征

为分析站点潮流椭圆的垂向结构，选取测站2018年11月1—30日垂向分层（0.2层，0.6层，0.8层）的E向、N向流速进行了调和分析，其中流速测量数据的时间间隔为20min。基于各层观测到的流速流向，使用T-Tide潮汐调和模型计算了各分潮的潮流振幅和迟角，并分别计算各分潮的潮流椭圆要素，以此做测站点的分层潮流椭圆图，结果见表6-5和图6-10，进一步显示该测点海域潮流运动形式以M_2分潮为主，M_2分潮潮流椭圆主轴方向为NW～SE向，基本平行于岸线走向。以日分潮和半日分潮的长半轴值之比计算潮流系数，公式为

$$F=\frac{W_{K_1}+W_{O_1}}{W_{M_2}} \tag{6-2}$$

式中：F 为潮型系数；W_{K_1}、W_{O_1}、W_{M_2} 分别为 K_1、O_1、M_2 分潮椭圆长半轴，规则半日潮流 $F\leqslant 0.5$，不规则半日潮流 $0.5<F\leqslant 2.0$，不规则全日潮流 $2.0<F\leqslant 4.0$，规则全日潮流 $F>4.0$。

表 6-5 7号浮标分层潮流椭圆要素

分潮编号	位置	最大流速/(m/s)	最小流速/(m/s)	倾角/(°)	旋转率
O_1	表	0.090	0.028	84.428	−0.304
	中	0.115	0.020	79.926	0.178
	底	0.060	0.007	79.343	−0.123
K_1	表	0.160	0.033	67.659	−0.207
	中	0.149	0.037	−74.061	0.248
	底	0.074	0.013	−88.278	0.180
M_2 *	表	0.283	0.090	−81.047	−0.319
	中	0.266	0.119	−84.962	0.448
	底	0.187	0.092	−69.380	−0.491
S_2	表	0.099	0.011	−71.112	0.109
	中	0.076	0.017	−78.891	−0.226
	底	0.048	0.017	−86.278	−0.354

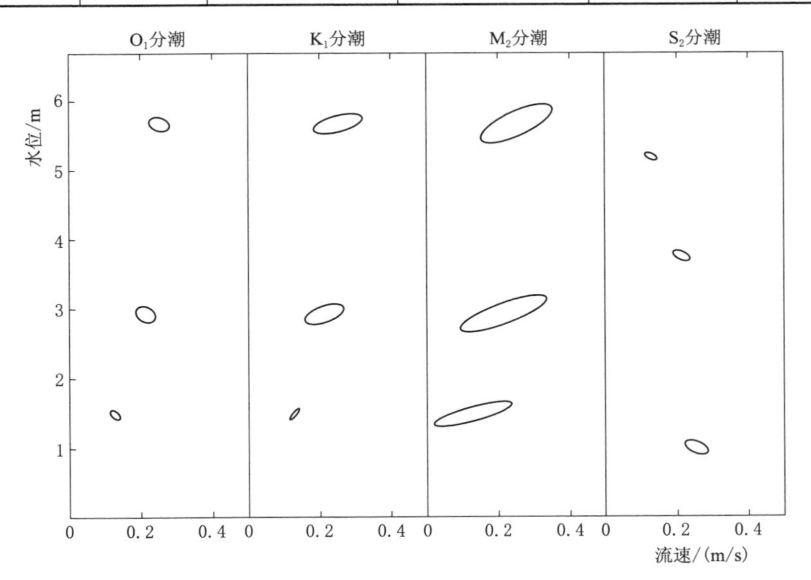

图 6-10 7号站 O_1、K_1、M_2、S_2 分潮的表层、中层、底层潮流椭圆示意图

计算得到 7 号浮标站所在海域潮流系数为 0.88，表明该测点海域海流呈不规则半日潮流特征。另外从 M_2 分潮椭圆旋转率值（正值表示逆时针旋转，负值表示顺时针旋转）可以看出，7 号浮标站海域潮流表层与底层表现为顺时针旋转，中层表现为逆时针旋转。

6.3.3 潮流年内变化特征

7 号浮标站所在海域年内各月垂向平均以及表层、中层、底层的涨潮、落潮月平均流速矢量如图 6-11 所示。

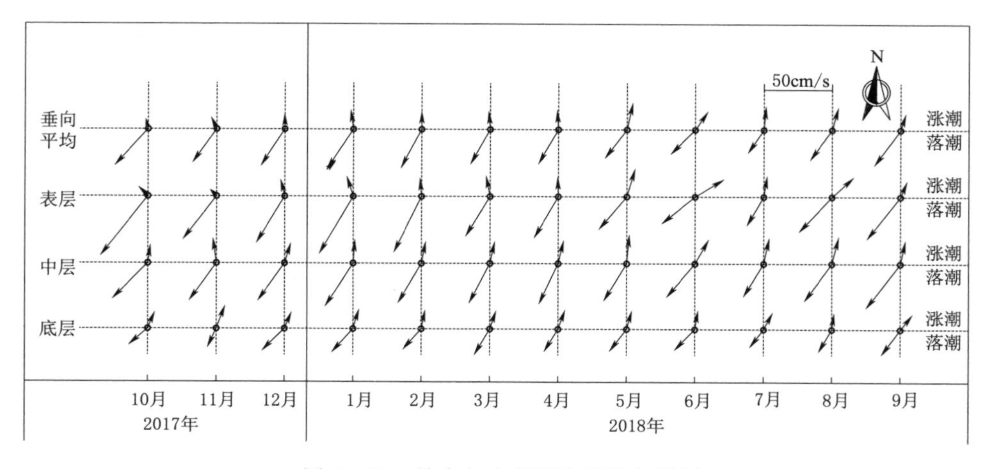

图 6-11　站点年内月平均流速矢量图

（1）从垂向平均流速变化来看，年内各月涨潮平均流速都不超过 20cm/s，落潮平均流速都不超过 40cm/s；落潮平均流速都大于涨潮平均流速，涨潮、落潮不对称现象显著。

（2）年内涨潮平均流速呈现从枯水期至洪水期逐渐增大然后至枯水期又逐渐减小的周期性，显示洪季涨潮平均流速大于枯季，洪季涨潮平均流向则较枯季呈现顺时针旋转；年内落潮平均流速呈现从枯季至洪季逐渐减小然后至枯季又逐渐增大的周期性，显示枯季落潮流速大于洪季，洪季、枯季落潮平均流向总体变化不大，较为稳定。

（3）从潮流垂向变化来看，中层涨潮平均流速普遍大于表层和底层，落潮流速以表层最大、中层其次、底层最小，呈现沿水深递减趋势；从表层、中层、底层流向来看，不论洪季、枯季，底层流向随水深增加向右偏转。

根据以上分析显示，洪季涨潮流速总体大于枯季，落潮流速总体小于枯季，显示珠江河口澳门机场以南海域涨落潮流速受河口径流影响微小；洪季涨潮平均流速较枯季呈顺时针偏转与洪季盛行西南季风和冬季盛行东北季风密切相关。

6.3.4 海面风年内变化特征

一般来讲，珠江河口枯季盛行东北风（9月中下旬至次年4月），洪季盛行西南风（5月至9月上旬），9月为西南季风转东北季风时段，5月为东北季风转西南季风时段，河口风速风向以及作用时间对河口潮流和物质输移影响显著（高时友 等，2017；Ou et al.，2007）。7号浮标站提供了2018年4月、5月、6月、7月、9月整月及3月和8月下旬的实测风力资料，基本涵盖枯季与洪季。为分析风速大小及其持续的时间长度，仿照主潮流通量的概念引入与某一角度断面单位面积上的最大风通量垂直的方向来确定主风向，以此计算该最大通量断面两侧的平均风速和风向，结果如图6-12所示。

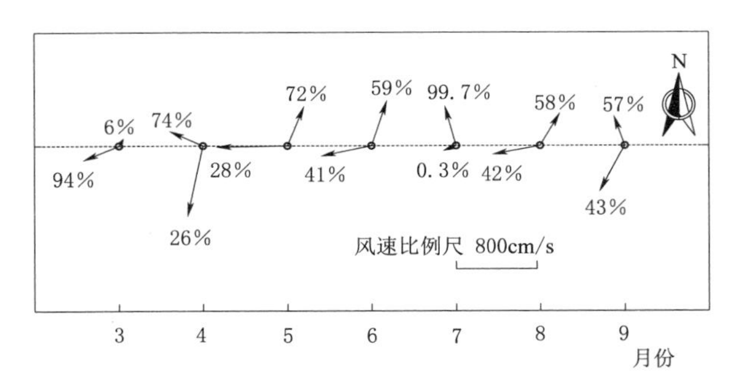

图6-12 站点2018年年内月平均风速风向矢量图

（1）枯季3月和洪季7月盛行风向最为典型，枯季3月平均主风向以NE向为主，平均风速为3.88m/s，持续时间占比94%，最大风速为15.63m/s，风向为N向，反向SE向风持续时间占比仅6%，平均风速仅为0.93m/s；洪季7月平均主风向以SE向为主，平均风速4.30m/s，最大风速为16.22m/s，风向为S向，持续时间占比达99.7%，反向风可忽略不计。

（2）除3月和7月之外，其他月份在不同方向的风均占有一定的比例，典型如仍处于枯季的4月，NE向风持续时间仅为26%，远小于SE向风持续的比例74%，但NE向平均风速达到7.38m/s，远大于SE向平均风速3.71m/s；进入洪季的8月，SW向风持续的时间比例为58%，NE

向风持续时间则达到 42%，且两者的平均风速相差不大。

（3）枯季和洪季最大风速对应的风向具有一定的规律性，枯季 3 月和 4 月的最大风速对应的风向均为 N 向，6 月、7 月和 8 月最大风向均为 S 向，季风过渡月份最大风速对应的风向 5 月和 9 月均为 E 向。

由以上分析可见，尽管珠江河口洪枯季存在某一方向为主的盛行风，但大多数月份与盛行主风向相反的风仍较为显著出现并能持续相当长的时间。枯季和洪季最大风速对应的风向均较为稳定地出现在正 N 方和正 S 方。

6.3.5 余流年内变化特征

余流是指从实测海流中剔除周期性流以后的剩余水体的流动。它直接指示着水体的运移和交换情况，对海水中物质的输运及扩散起着重要作用。图 6-13 给出了 7 号浮标站年内各月平均余流矢量，分析结果如下。

（1）年内余流流速大小呈现枯季显著大于洪季的趋势，如 2017 年 10 月至 2018 年 2 月共 5 个月的垂向平均余流流速为 28cm/s，2018 年 5—8 月共 4 个月的垂向平均余流流速仅为 11cm/s，枯季余流流速为洪季的 2 倍多；从余流流向来看，不论洪季还是枯季，余流流向都以 SSW～SW 向为主，与珠江河口 SW 向沿岸流基本一致。

（2）从余流垂向变化来看，枯季余流流速大小都呈现随水深增加而递减的趋势，表层余流流速显著大于底层，如 2017 年 12 月表层余流流速为 38cm/s，底层仅为 11cm/s；洪季则呈现中层余流流速最大，如 2018 年 5—8 月共 4 个月的表层、中层、底层平均余流流速分别为 11cm/s、16cm/s、7cm/s；从余流流向垂向变化来看，枯季余流流向随水深增加向左偏转，洪季余流流向垂向变化很小。

由于河口风速风向对余流影响明显，为此，图 6-13 同时给出了 2018 年 3—9 月各月风余量矢量图（其他月份缺测）。此处定义的风余量矢量与潮流余流矢量物理意义类似，反映的是一定时期内的平均风速和平均风向。分析结果如下。

（1）枯季平均风向仍以 NE 向为主，洪季平均风向以 SE 向为主。典型如枯季 3 月平均风速和平均风向与历时占比 94%的 ENE 向主风向和风速基本一致，洪季 7 月平均风速和风向与占比 99.7%的 SSE 向主风向和主风速完全一致。另外，如仍属于枯季的 4 月，尽管 SE 向风历时占比达到 74%，但由于 SE 向风速小，平均风向仍以 ENE 向为主；9 月属于西南季

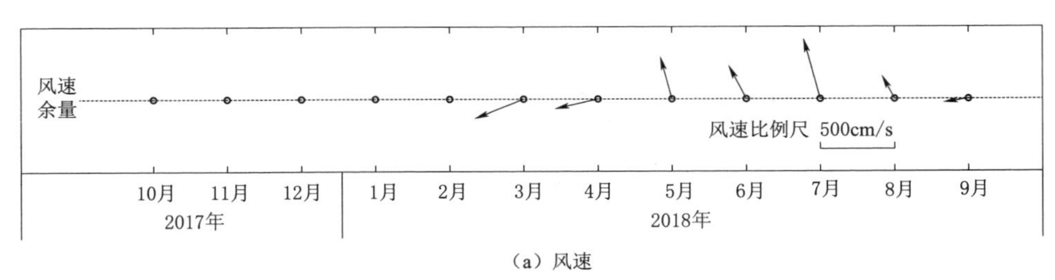

(a) 风速

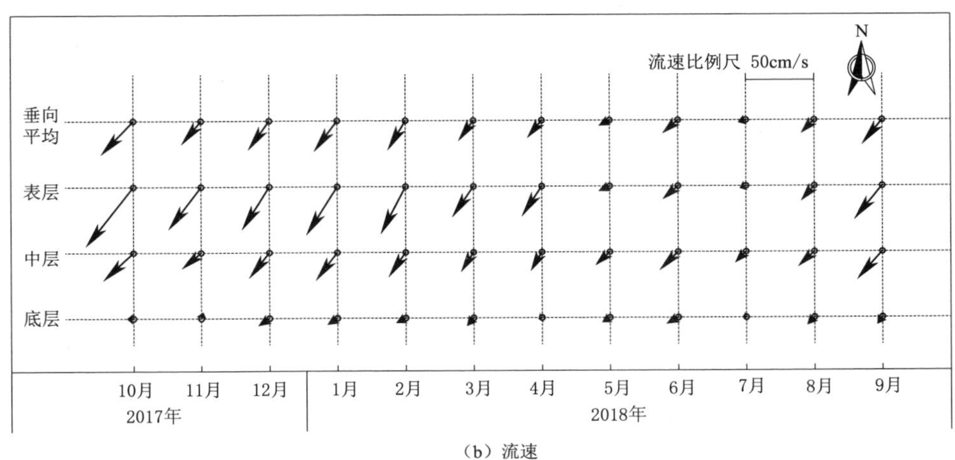

(b) 流速

图 6-13　站点年内月平均风和余流矢量图

风转东北季风的过渡期，可以看到平均风速较小，仅为 1.71m/s，风向则近似为正 E 向。

(2) 余流流速与风向存在显著的对应关系。枯季盛行的 NE 风（3 月、4 月和 9 月）更有利于珠江河口余流的形成，且总体呈现 NE 向平均风速越大，余流流速也越大的趋势，如 3 月平均风速 3.6m/s，平均风向 ENE 向，该月水深平均余流流速为统计到的枯季最大 19cm/s。洪季西南季风或东南季风对河口余流具有抑制作用，总体显示 SE 向平均风速越大，余流流速越小的趋势，如 7 月平均风速 4.29m/s，平均风向为 SSE 向，该月垂向平均余流流速仅为 6cm/s。

总结显示，7 号浮标站处于珠江河口西侧海域，其一年内的实测海流资料统计显示余流流向与河口长年存在的 SW 向沿岸流向基本一致；余流流速与风的作用密切相关，枯季 NE 向风更有利于沿岸流的形成，洪季 SW 或 SE 向风对沿岸流具有抑制作用。从余流垂向变化来看，枯季余流流速随水深增加而减小，由于洪季盛行的 SW 风对余流的抑制作用对水体表层影响更为明显，因此洪季余流呈现中层最大的趋势。

6.3.6　风对潮流和余流影响分析

为进一步探讨珠江河口海域海面风对河口潮流和余流的作用，选取7号浮标站2018年8月29日9：30至9月1日0：00共约62.5h（中潮期）的海流数据和风速数据进行对比分析，该段时间内风向持续以正S向为主，如图6-14所示。表6-6给出了该段时间内的潮流特征值。图6-15给出了该时间段内涨潮、落潮平均流速及余流沿相对水深的矢量。分析结果如下。

表6-6　　测点潮流特征值统计表

位置	涨潮平均流速/(cm/s)	涨潮平均流向/(°)	落潮平均流速/(cm/s)	落潮平均流向/(°)	余流流速/(cm/s)	余流流向/(°)	涨潮流历时/h	落潮流历时/h
平均	21	7	0.15	209	5	339	33.8	28.5
表层（0.2层）	24	12	0.2	238	17	2	49.8	12.5
中层（0.6层）	19	7	0.22	203	4	234	28.7	33.6
底层（0.8层）	15	359	0.27	204	11	216	24.6	37.8

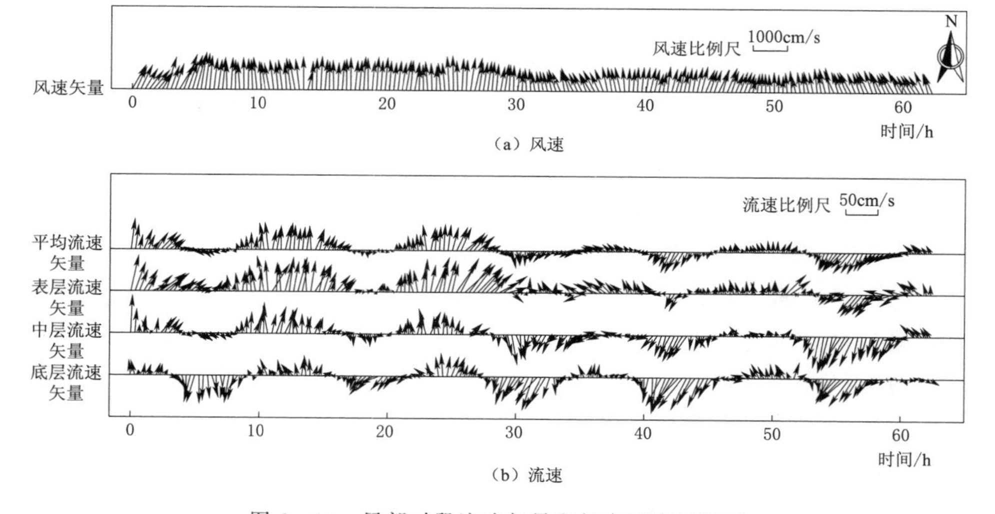

图6-14　局部时段流速矢量和相应风速矢量图

（1）该段时间平均风速7.64m/s，平均风向为正S向，最大风速14.95m/s，风向也为正S向。根据该海域余流与风向的对应关系，该段时间内风力对余流形成具有抑制作用。

（2）各层潮流矢量呈现典型周期性特征，分析显示，该段时间内涨潮流速随水深增加而减小，落潮流速随水深增加而增大，与潮流速年内整体变化趋势相反；同时，表层、中层、底层涨潮流历时分别占总历时的80%、46%、39%，表层涨潮流历时显著大于中层和底层，显示持续的正S向风对海面表层影响显著。

（3）相较图6-13中8月表层涨潮、落潮主流向分别为NE向和SW向，在该段时间内由于正S向为主的风持续作用，表层涨潮、落潮主流向均呈现向左偏转，主流向分别调整为NNE向和WSW向；涨潮流向随水深增加呈左转、落潮流向随水深增加呈右转。

（4）表6-6和图6-15显示，余流在持续正南向风的抑制作用下，垂向平均余流流速仅为5cm/s，远小于8月的平均余流流速14cm/s，平均余流流向为NNW向，与8月余流流向SW向差异较大；表层、底层余流流速和流向存在显著差异，表层余流以N向为主，底层余流仍以SW向沿岸流向为主，表层余流流速也显著大于底层；以水深中某点位置余流流速接近0以及流向发生显著偏转来看，持续正S向风对水深影响距离可以达到40%的水深位置。

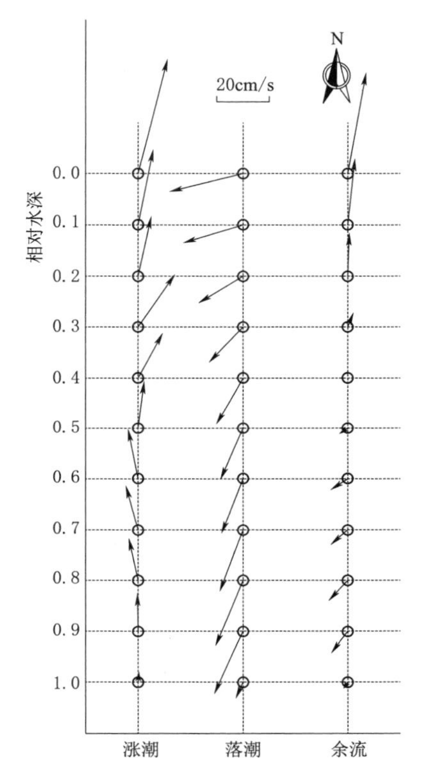

图6-15 特征流速分层分布矢量图

从以上分析结果可见，珠江河口风速风向对近表层潮流速、流向及余流均存在显著影响，在平均风速7.64m/s的正S向为主的风持续作用下，影响深度能达到水深的40%左右。但中层、底层流向仍以SW向沿岸流为主，显示珠江河口沿岸流的形成与南海整体环流密切相关，是多因素共同作用的结果，季风主要对沿岸流具有加强或阻碍作用。

6.3.7 单宽潮量年内变化特征

7号浮标站位于南海涨潮、落潮流进出伶仃洋西侧水域的主通道上，涨潮量、落潮量的变化对伶仃洋水域潮流动力和水生态环境具有重要的意义。此处统计了该站点2018年1—9月（7月部分天数缺测除外）各月的垂向平均单宽涨潮量、落潮量及总潮量，如图6-16所示。分析结果如下。

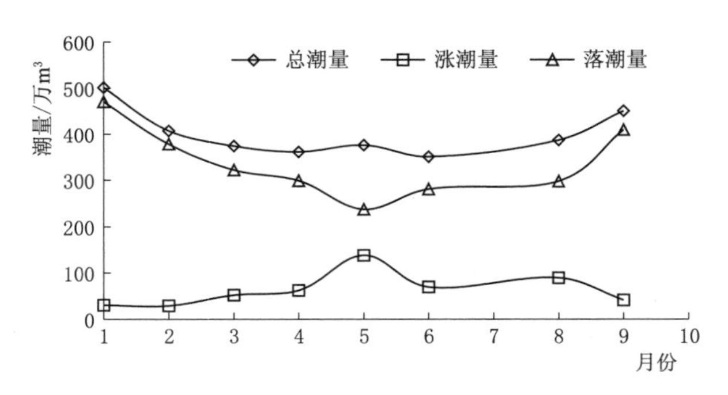

图6-16　站点单宽潮量年内月平均变化

(1) 该通道的涨落潮总潮量季节性变化非常明显。枯季总潮量显著大于洪季，如1月单宽总潮量501.7万m^3，8月单宽总潮量为386.6万m^3；月单宽总潮量变化曲线呈下凹的C形，最小潮量出现在6月。

(2) 落潮量都显著大于涨潮量，尤以枯季最为明显，如1月和8月单宽涨潮量都仅占总涨落潮量的6.1%和23.1%，5月出现年内最大涨潮量，也仅占总潮量的36.8%；落潮量曲线与总潮量曲线相似，呈下凹的C形，以5月落潮量最小；涨潮流曲线呈现上凸C形，以5月涨潮量最大。

总结来看，该通道总潮量以落潮量为主，枯季总潮量和落潮量显著大于洪季，最小值出现在5—6月；涨潮量呈现洪季、枯季相差不大，最大值出现在枯季向洪季过渡的5月。

优势流是指落潮流流程除以涨落潮流流程之和：计算涨潮流速过程线与时间坐标轴之间的面积（S_f）和落潮流速过程线与时间坐标轴之间的面积（S_e），下泄流所占面积百分比为$R=[S_e/(S_e+S_f)]\times100\%$，$R>50\%$时为落潮优势流，$R<50\%$时为涨潮优势流，等于50%的地方即是滞流点（黄胜 等，1995）。在以涨潮冲刷为主的涨潮槽中，涨潮流为优势流，以落潮流冲刷为主的落潮槽中，落潮流为优势流（陈吉余 等，1988）。根据实测资料计算了7号浮标站2018年1—9月（7月部分天数缺测除外）各月的优势流，如图6-17所示。可见各月内表层、中层、底层优势流都大于50%，显示7号浮标站所在通道呈现典型落潮槽特性，枯季总体较洪季更为明显。另外从潮量的角度也可以描述涨落潮的强弱（黄胜 等，1995），以单宽落潮量（Q_e）除以单宽涨潮量（Q_f）与单宽落潮量之和：$R_Q=[Q_e/(Q_e+Q_f)]\times100\%$，各月的$R_Q$都大于60%，枯季1月最大达到94.0%，最小5月也达到63.2%，都呈现典型的落潮优势流特性。

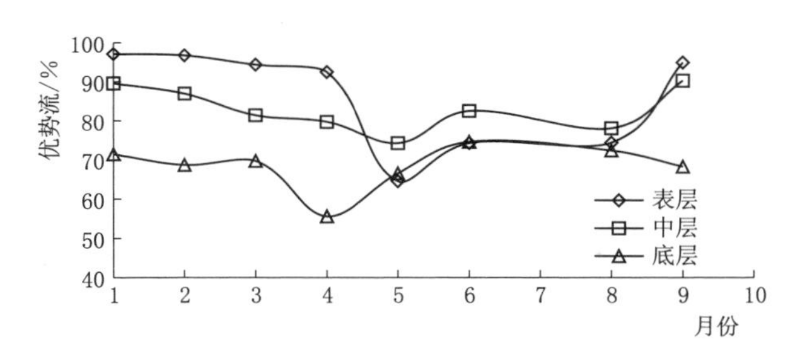

图 6-17　站点年内月优势流变化

6.4　小结

澳门机场东侧水域洪季涨潮流向以 N～NNE 向为主，枯季整体向西偏转，以 NNW～WNW 向为主；落潮流则以 S～SW 向为主，洪枯季和表底层变化不大；从余流分布来看，余流流向与落潮主流向基本一致，机场南侧水域余流大于北侧，洪枯季表层余流相差不大，但洪季底层余流显著大于枯季；从涨落潮流历时之比来看，该水域整体涨落潮流历时之比小于 1、表层涨落潮流历时之比小于底层以及机场南侧水域涨落潮流历时之比小于北侧，显示水域整体涨潮流历时小于落潮流历时、北侧水域涨潮流历时大于南侧水域以及表层涨潮流历时小于底层的规律，该规律结合澳门机场周边水域平均落潮流速大于涨潮流速的实际情况形成了水沙向口门外的净输运，与该水域余流的分布形态和流向一致。

机场西侧水域流速和流向沿水深方向总体相差不大，涨潮、落潮流向主要受岸线走向约束，流速大小由北侧向南侧递增；余流流速都不超过 20cm/s，总体较小，都呈现由表层向底层递减；从含沙量分布来看，枯季澳门机场西侧水域（含九澳湾）南、北两端口门位置含沙量较大，表层、底层分层明显；机场西侧落潮含沙量总体大于涨潮，但北端进口水域含沙量则呈现涨潮大于落潮；泥沙净输移方向为表层向海，底层向陆，澳门水道出口方向的泥沙净输运都为向海，泥沙净输移方向与余流方向基本一致。枯季澳门机场西侧三角形水域由上、下两端口门的进出潮量较小，含沙量沿水深均匀，其他水域枯季表、底分层明显；由南海上溯至澳门水域的涨潮流分层显著，且底层含沙量明显大于表层。

利用 2017 年 10 月至 2018 年 9 月澳门机场南侧水域 7 号浮标站获取的近一年的实测资料进行分析显示，潮汐和潮流计算到的潮型调和参数分别是1.64和0.88，属于典型不规则半日潮海域，以M_2分潮为主，潮流在表层、底层呈顺时针旋转，中层呈逆时针旋转；各月涨潮平均流速不超过20cm/s，落潮平均流速不超过40cm/s，涨潮流速洪季大于枯季，落潮流速洪季小于枯季，受河口径流影响微小；枯季和洪季垂向平均余流流速分别为28cm/s和11cm/s，枯季余流流速显著大于洪季；最大风速对应风向枯季为正N方，洪季为正S方；枯季NE向风对沿岸流具有加强作用，洪季西南或SE向风对沿岸流具有抑制作用；风速、风向对近表层潮流速、流向及余流均存在显著影响，影响深度能达到水深的40%左右；该海域潮流通道落潮流为优势流，总潮量以落潮量为主，枯季总潮量和落潮量显著大于洪季，最小值出现在5—6月；涨潮量洪季、枯季相差不大，最大值出现在枯季向洪季过渡的5月。

第7章　磨刀门口门水域径潮动力特性分析

7.1　磨刀门洪枯季半月径潮动力作用规律及相关性分析

7.1.1　口门径潮动力研究概述

磨刀门水道及口门随珠江三角洲发育而发展，具有“洪淤枯冲”的季节性冲淤规律，口门径流动力强、潮流动力弱有利于河口淤积（乔彭年，1983）。20世纪90年代末，刘岳峰等（1998）基于历年遥感数据证实了珠江河口泥沙西南输移且河口湾西部淤积大于东部的特征，指出人工围垦速度已经略微超出滩涂的自然淤积速率。21世纪初，大规模采砂、围垦和导堤建设不仅使磨刀门水道由20世纪80年代前的淤积转为冲刷（刘锋 等，2011），磨刀门口门朝海推进，由径流优势型河口转为河流-波浪型河口，水道内落潮动力增强、涨潮动力减弱，口门外波浪动力增强致使拦门沙侵蚀并淤高（胡达 等，2005），导致其排洪能力减弱，但洪季强劲的径流动力仍维持了支汊的发育（王世俊 等，2006）。2000年后，针对咸潮入侵对供水安全的威胁及航道维护需要，提出了枯季最小压咸流量和最佳时机（闻平 等，2007；路剑飞 等，2010；陈荣力 等，2011），揭示了河床和拦门沙演变等与咸潮上溯距离和含氯度等的定性和定量关系（韩志远 等，2010；方神光，2013，2014；邹华志 等，2019；朱泽文 等，2021），遵循口门水动力和地貌演变趋势提出了口门西汊作为主航道的双导堤治理方案（贾良文 等，2009）等。

近年研究表明，磨刀门口外海域冬季较夏季具有更为稳定的SW向沿岸流，夏季主要影响动力为径流和风，冬季主要是东北季风（高时友 等，2017）；磨刀门水道内春夏日均水位下降主要由挖沙引起，秋冬日均水位上升主要原因是围垦和海平面抬升（杨昊 等，2019）；磨刀门河口整治工程实施后，网河区采砂引起河口段潮汐动力增强（蒋陈娟 等，2020；洪鹏锋 等，2019），磨刀门水道内由淤积趋势转为冲刷趋势（马玉婷 等，

2022)，波浪动力作用下的拦门沙外坡洪淤枯冲，内坡洪枯季均为冲刷（贾良文 等，2018）。因此，磨刀门的滩槽发育是径流、潮汐、波浪和风等动力耦合作用的结果。西江和北江在思贤滘相汇后注入西江、北江三角洲，其中马口站在洪季和枯季的当前分流比分别为77.0%和82.4%（黄畅 等，2022）。珠江流域洪水径流经由河口八大口门出海，以磨刀门水沙分配比最大（陈文彪 等，2013）。20世纪末，磨刀门经整治后形成以磨刀门水道为主、洪湾水道为支的一主一支格局，口门向外延伸超过10.0km，直接面向南海（贾良文 等，2009）。口外拦门沙呈扇形发育，2005年6月大洪水冲破口门拦门沙，形成东、西两汊（吴门伍 等，2018）。由于口门采砂，磨刀门口门由21世纪初的东、西两汊与中心拦门沙并存格局，演变为拦门沙基本消失，总体呈单一槽道格局（刘培 等，2023）。

7.1.2 资料来源及水文特征

本章数据来源于珠江水利委员会水文局布置于磨刀门水域的3座浮标站和1号（东经113°28′50″、北纬22°4′15″)、2号（东经113°27′34″、北纬22°6′18″测点）。A8站、A9站和A10站分别用于分析口门内磨刀门水道、口门外侧东侧支汊和西侧主航道水域的径潮动力和潮通量变化特征；其中磨刀门水道内1座（A8站），平均水深8.0m左右（珠基）；口外水域2座（A9站和A10站），A9站布置在东汊、平均水深约3.5m，A10站布置在西汊、平均水深约4.5m；结合近年磨刀门水域整体实测水深，平面分布呈现磨刀门水道水深显著大于口门外侧、西汊主干水深大于东汊的特征，近年急剧萎缩的拦门沙由东侧逐渐缓慢恢复并向SW向拓展，其分布态势和演变与以往观测基本一致（胡达 等，2005）。各浮标站均使用声学多普勒流速剖面仪-浪龙1MHz采集流向、流速、水深等数据，仪器垂向分辨率为0.3～0.5m/层，垂向测量范围为0.41～25.0m，采样间隔为20min。

洪季观测时段为2019年7月16—31日（农历六月十四至二十九），枯季观测时段为2018年12月21日至2019年1月6日（农历二〇一八年十一月十五至十二月初一），洪季和枯季时长均为16d，按珠江河口潮周期时长约24.8h，可分为15个完整潮周期。观测时段内，上游马口站潮周期平均来流量和磨刀门口门横琴站潮周期平均潮差如图7-1所示；横琴站潮周期平均潮差最大值洪季为1.54m、枯季为1.55m，均为大潮期。上游马口站洪季流量总体呈减小趋势，由第 3 个潮周期最大 26700m³/s 减小至第 15 个潮周期 10900m³/s；枯季马口站平均流量约 4200m³/s，变化幅度不大。

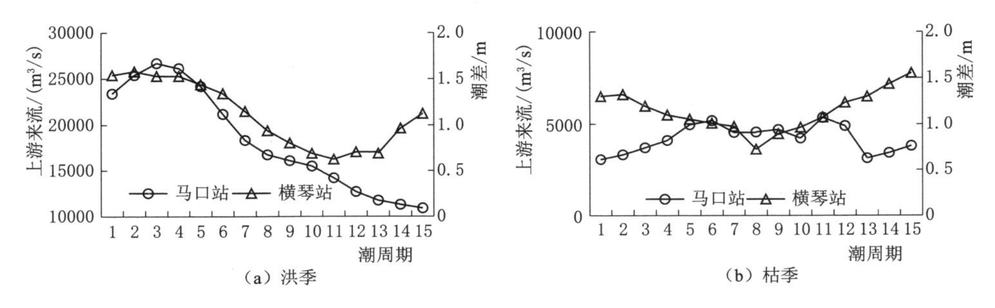

图 7-1 同步观测期间上游来流量和口门潮差变化过程

观测了 A10 站海面以上 2m 的风速、风向数据，采用的设备型号为 GILL GMX500 风速风向仪，观测频次为 10min。观测期间洪季、枯季潮周期平均风速矢量如图 7-2 所示，洪季以 SE 风～SW 风为主，最大潮周期平均风速为 6.74m/s，ENE 风，出现在第 15 个潮周期；枯季 N 风为主，最大潮周期平均风速 9.68m/s，正 N 风，出现在第 10 个潮周期；枯季风速显著大于洪季。

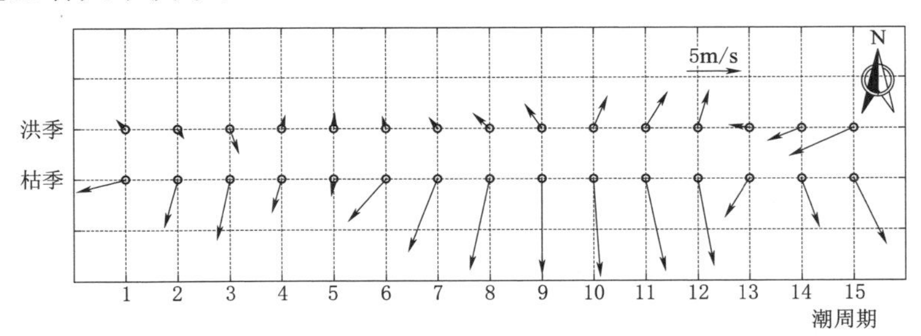

图 7-2 A10 站海面潮周期平均风速矢量图

7.1.3 口门洪枯季半月整体潮流特征

磨刀门口门内外浮标站 A8 站（磨刀门水道）及 A10 站（西汊）和 A9 站（东汊）洪季和枯季半月垂向平均流速和余流矢量特征值统计见表 7-1。洪季和枯季，磨刀门海域总体呈涨潮流朝北、落潮流朝南且磨刀门水道内流速大于口门外海的特征。洪季，上游洪水径流下泄动力显著增强，磨刀门水道内洪季涨潮流速仅为枯季的一半；洪季落潮平均流速比枯季大约 14.0%；洪季余流流速达 45.8cm/s，指向口外，枯季很小可忽略不计；受水道岸线约束，涨潮、落潮主流向不随季节变化。口门外海涨潮流向洪季呈东汊西偏、西汊东偏，东汊和西汊呈相互顶托态势；枯季，口门外海受潮汐作用控制，东汊和西汊涨潮流态均为WSW向；口门外落潮流态主要受制于潮汐动力和槽沟走向，洪季、枯季差异不大。口门外余流受洪水径流影响明显，东汊和西汊洪季余流流速分别为17.7cm/s和31.7cm/s，显著大于枯季，洪季余流以S向为主，枯季为WSW向；显然，磨刀门口门外海余流洪季受控于洪水径流作用，枯季则主要受SW向沿岸流影响（高时友 等，2017）。

表7-1 磨刀门洪枯季半月垂向平均流速及余流矢量特征值统计表

洪枯季	浮标站	涨潮平均流速/(m/s)	涨潮平均流向/(°)	落潮平均流速/(m/s)	落潮平均流向/(°)	余流流速/(m/s)	余流流向/(°)
洪季	A8	0.18	338	0.54	155	0.46	155
	A9	0.19	269	0.28	138	0.18	151
	A10	0.13	39	0.39	184	0.32	182
枯季	A8	0.36	334	0.46	158	0.02	297
	A9	0.16	300	0.21	144	0.04	256
	A10	0.22	292	0.35	173	0.13	232

洪季和枯季磨刀门水道及口外水域半月垂向平均涨潮流和落潮流历时占比和潮通量占比见表7-2，各自之差见图7-3，均为涨潮流特征值减去落潮流特征值。可见，磨刀门水道及口外水域洪季绝大部分时间处于落潮流态；枯季，口门内外水域反转为涨潮流占优，磨刀门水道和东汊水域潮流通量净上溯，西汊水域涨潮、落潮通量相当。枯季时段内，上游马口站平均下泄流量达4200m^3/s，显著大于压咸流量（闻平 等，2007），但磨刀门水道内潮流通量仍呈上溯趋势，原因与磨刀门水道河床下切（韩志远 等，

表7-2 磨刀门浮标站洪枯季半月垂向平均潮流特征

洪枯季	站点	涨潮流		落潮流		余流		历时占比/%		潮通量占比/%	
		流速/(cm/s)	流向/(°)	流速/(cm/s)	流向/(°)	流速/(cm/s)	流向/(°)	涨潮流	落潮流	涨潮通量	落潮通量
洪季	A8	18.0	338	53.8	155	45.8	155	11.2	88.8	4.4	95.6
	A9	18.9	269	28.0	138	17.7	151	26.5	73.5	17.7	82.3
	A10	12.6	39	38.7	184	31.7	182	14.3	85.7	5.0	95.0
枯季	A8	36.4	334	46.3	158	2.4	297	58.2	41.8	55.2	44.8
	A9	15.6	300	21.1	144	4.4	256	64.2	35.8	61.9	38.1
	A10	21.7	292	34.7	173	13.4	232	61.4	38.6	49.4	50.6

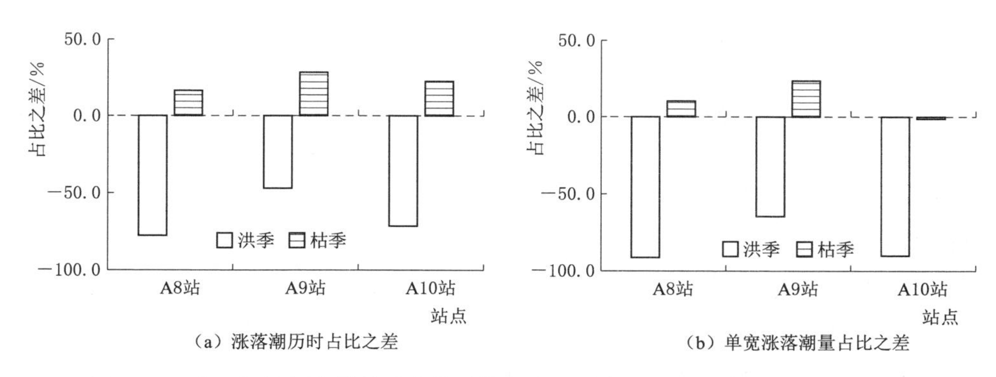

（a）涨落潮历时占比之差　（b）单宽涨落潮量占比之差

图 7-3 磨刀门浮标站洪枯季半月平均潮流历时占比之差及单宽潮量占比之差

2010；方神光，2014）和口门拦门沙消失密切相关（朱泽文 等，2021）；另外，枯季西汊涨潮、落潮通量基本平衡，磨刀门水道内潮通量净上溯主要来自东汊，因此东侧浅滩的冲刷加深将增强磨刀门水道内潮流的上溯动力。

7.1.4 口门洪枯季半月分层余流特征

图 7-4 为磨刀门浮标站半月平均分层余流矢量图。洪季，洪水径流动力增强，驱使磨刀门水道和西汊全水深（为站点半月时段的平均水深）范围的水沙朝外海方向净输出，如 A8 站分层余流矢量均为 SSE 向，A10 站分层余流矢量均为 S 向。枯季，磨刀门水道内近表层水深范围（0～0.4 层）净通量指向口外，中层、底层（0.4 层～1.0 层）净通量以上溯为主；口外西汊表层和中层（0～0.7 层）净通量朝西侧净输出，近底层范围（0.7 层～1.0 层）呈离岸流特征。口门外东汊（A9 站）余流矢量洪季和枯季均呈表层指向口外、底层指向口内的反向输运特征，径流动力增强使朝口外净输运的水深层范围显著扩大。因此，不论洪季或枯季，磨刀门口门外水域

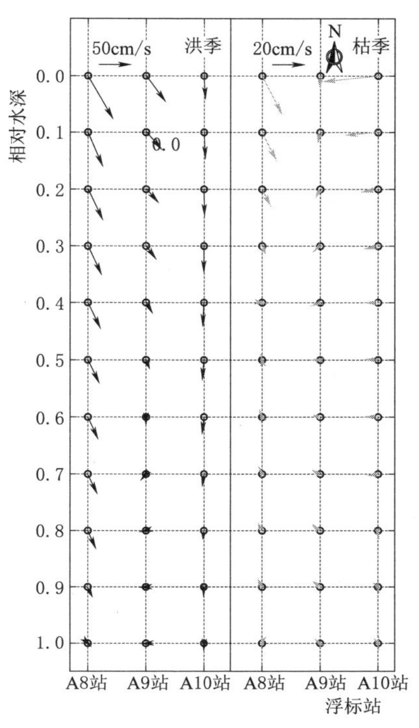

图 7-4 磨刀门浮标站半月平均分层余流矢量图

近底层净通量方向始终呈东汊指向西北侧上游、西汊指向南侧外海的逆时针半环流特征。

图7-5给出了垂向分层落潮流历时占比：洪季，磨刀门水道和西汊全水深均为落潮优势流（落潮流历时占比大于50%），东汊仅表层、中层为落潮优势流；枯季，磨刀门水道表层仍为落潮优势流，中层、底层水深为涨潮优势流（涨潮流历时大于50%），东汊全水深都为涨潮优势流；西汊近底层为落潮优势流，表层、中层为涨潮优势流；因此，不论洪季还是枯季，东汊近底层水域均为涨潮优势流、西汊均为落潮优势流；尤其在枯季，东汊和西汊近底层水域落潮流历时占比分别为20%和77%，该逆时针半环流结构尤为明显。

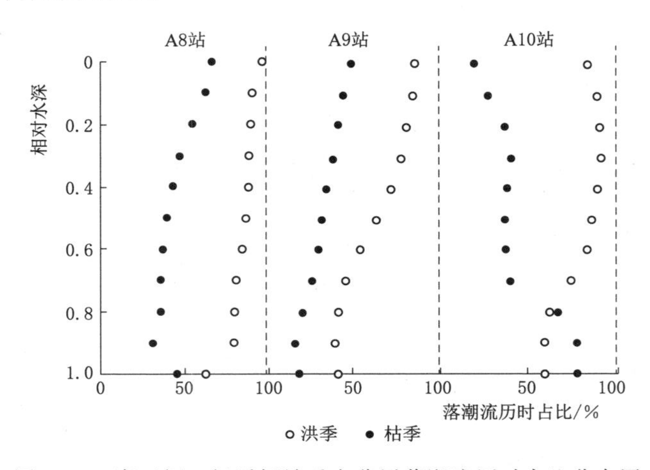

图7-5　磨刀门口门浮标站垂向分层落潮流历时占比分布图

7.1.5　洪枯季水道径潮动力因子作用规律分析

磨刀门水道内潮流运动受岸线走向约束，涨落潮流主方向和余流方向基本稳定，但水道内流速大小受径流动力和外海潮汐动力影响显著。为探讨潮动力、径流动力、风作用力和其他动力因子对磨刀门口门水道内潮流速的作用规律，结合马口站流量和横琴水文站潮差，采用线性回归法拟合潮流运动特征值与主要动力因子的关系，线性回归方程为

$$V_{ave}=a\Delta z+bQ+cV_{wind}+d \tag{7-1}$$

式中：V_{ave} 为潮周期垂向平均流速或余流流速，m/s；Δz 为潮周期平均潮差，m；Q 为径流量，m^3/s；V_{wind} 为潮周期平均风速，m/s；a、b、c、d 为对应动力因子的作用系数。

潮周期垂向平均涨潮流速、落潮流速和余流流速采用实测值计算，潮动力采用横琴岛站潮周期平均潮差 Δz 代表，径流动力采用马口站当天与前一天流量的平均值，风作用力采用潮周期海面平均风速值，采用线性回归法对系列数据进行拟合，得到动力作用系数 a、b、c、d 的值。对洪季和枯季分析时段内三个测站共 15 个潮周期涨潮垂向平均流速、落潮垂向平均流速和垂向平均余流进行拟合，拟合值与实测值比较如图 7-6 所示，两者基本吻合且变化规律一致，拟合值能较好地反映磨刀门水道内主要动力因子的作用规律。洪季拟合度总体要好于枯季，余流拟合度好于潮周期平均流速，显示径流动力增强有利于抑制其他非线性动力因素的干扰。

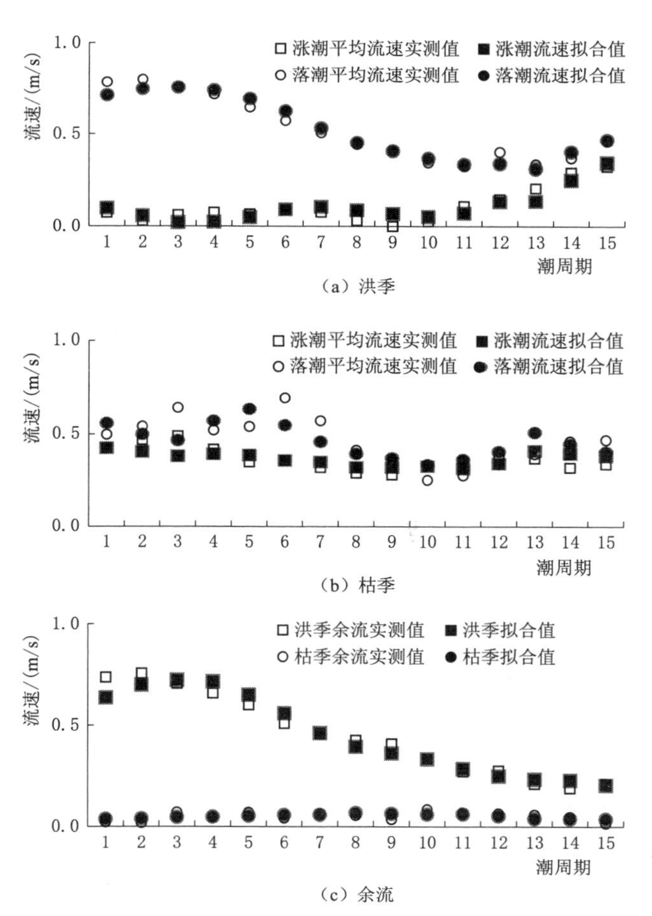

图 7-6　磨刀门水道 A8 站洪枯季潮周期垂向平均流速实测值与拟合值比较图

磨刀门水域测站潮周期平均流速的动力因子作用系数如图7-7所示。分析显示，影响潮周期涨潮平均流速和落潮平均流速的动力因子中，潮动力对水道内潮流往复运动的驱动作用洪季相对较强、枯季较弱；不论洪枯季，径流动力始终对磨刀门水道内潮流运动作用较强，且指向外海方向的径流动力加强了落潮流且抑制了涨潮流；代表海面风作用的系数 c 值在涨潮期和落潮期均很小，几乎可忽略不计；其他因子综合作用系数 d 代表斜压密度梯度力、波浪辐射应力、岸线及地形阻力影响等共同作用的结果，枯季对磨刀门水道内潮流运动占主导作用。影响余流的动力因子中，不论洪季还是枯季，潮动力驱动的潮流往复运动对水道内余流影响很小；径流动力增强有利于径潮量朝外海净输出，但主要体现在洪季，枯季影响很小；海面风作用系数 c 值不超过0.01，对水道内净通量影响很小；其他因子综合作用对磨刀门水道内径潮通量净输运的综合作用呈洪季抑制、枯季增强的特征。

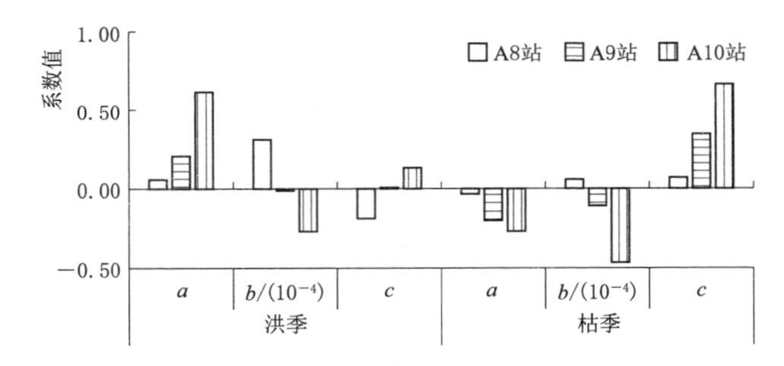

图7-7　磨刀门水域测站潮周期平均流速的动力因子作用系数

7.1.6　磨刀门东西汊洪枯季动力因子相关性讨论

沿时间轴积分求出洪季和枯季三个测站共15个潮周期沿E向和N向的平均潮通量，平均通量与坐标轴方向一致为正、相反为负。采用皮尔逊法分析洪季和枯季三个测站潮周期平均潮通量之间的相关性，结果如图7-8所示。洪季，磨刀门水道A8站和东汊A9站在E向和N向的净通量之间均呈显著相关；枯季，A8站N向上的净通量与A9站E向净通量显著相关；显示洪季磨刀门水道下泄洪水径流动力强劲，以口门射流形态进入东汊水域，枯季流量小、动力弱，径潮流出口门后进入东汊水域以漂流形态随SW向沿岸流运动。磨刀门水道与西汊在E向和N向上的净通量仅在洪季存在较强相关性，枯季相关性不明显，显示枯季淡水径流对西汊影响很小。洪季，口门外东汊A9站和西汊A10站在相同轴向之间的净通量存在强相关，枯季，显示东汊在E向和西汊在N向的净通量之间存在强正相关，说明洪季受磨刀门水道下泄洪水径流动力强劲影响，东汊和西汊的潮通量变化规律一致，而枯季磨刀门水道径流进入东汊水域后，随沿岸流朝SW方向输运并进入西汊水域，并随离岸流朝南侧外海方向输出，与枯季磨刀门口门外侧逆时针半环流结构特征相符。

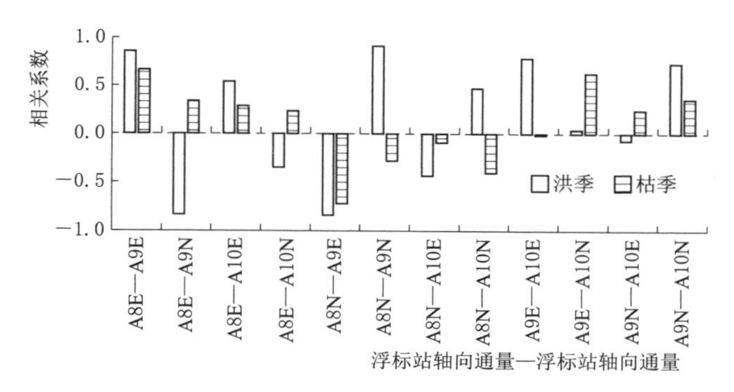

图7-8 磨刀门口门浮标站半月轴向平均净通量相关系数图

7.2 磨刀门水道枯季变时间尺度下的潮流动力特征

7.2.1 日均尺度下的潮流动力特征

分别以1d和大潮、中潮、小潮时段为时间尺度单位，计算2018年12月17—31日垂向平均余流流速和流向，结果详见图7-9～图7-14。图7-9～图7-14中两条水平虚线表示虚线之间的流向角为余流与落潮方向基本一致（指向口门外海），两条水平虚线以外则表示余流与涨潮方向基本一致（指向口门以内或上游方向）。磨刀门水道内潮流动力特征如下。

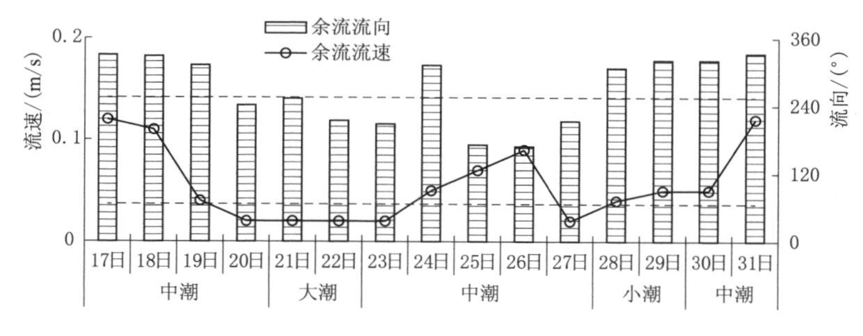

图7-9 枯季磨刀门水道A8站日均余流流速和流向变化图

（2018年12月17—31日）

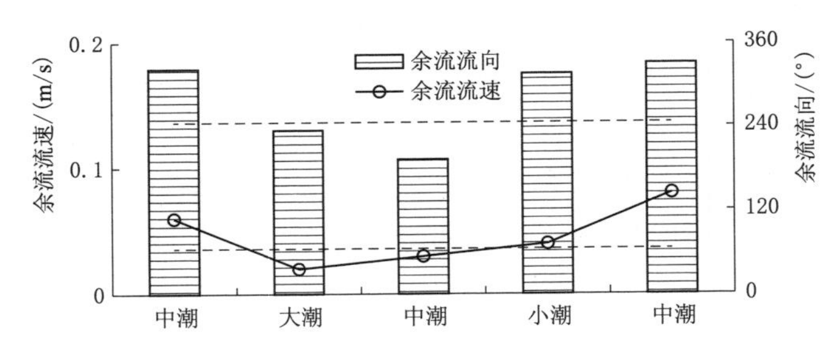

图 7-10　枯季磨刀门水道 A8 站潮段余流流速和流向变化图
(2018 年 12 月 17—31 日)

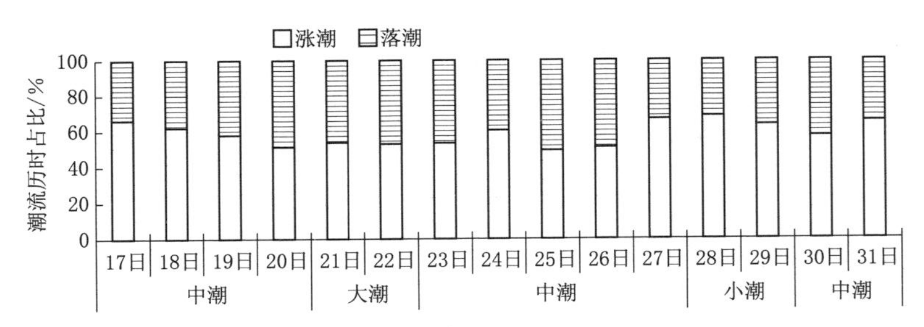

图 7-11　枯季磨刀门水道 A8 站日均涨落潮流历时变化图
(2018 年 12 月 17—31 日)

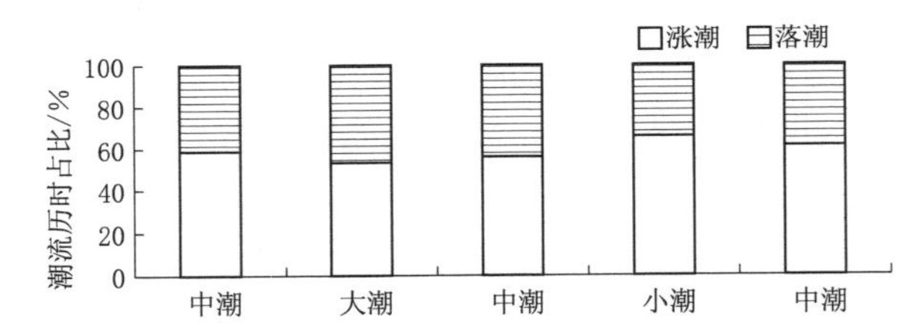

图 7-12　枯季磨刀门水道 A8 站潮段涨落潮流历时变化图
(2018 年 12 月 17—31 日)

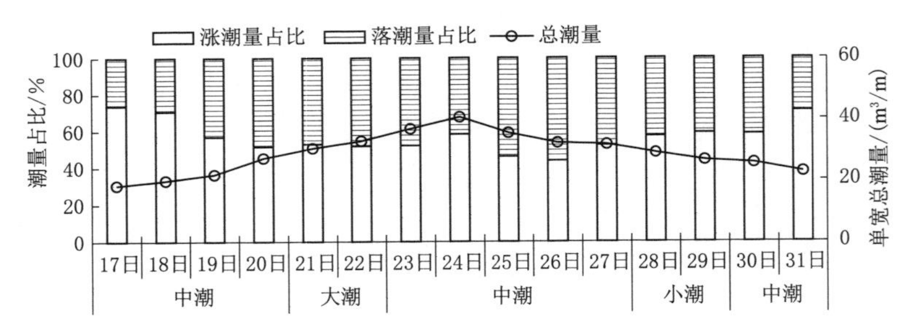

图 7-13　枯季磨刀门水道 A8 站日均单宽潮量变化图
(2018 年 12 月 17—31 日)

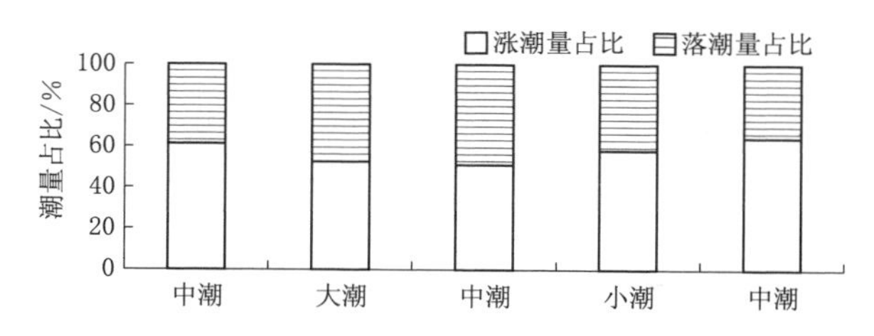

图 7-14 枯季磨刀门水道 A8 站潮段单宽潮量变化图
(2018 年 12 月 17—31 日)

(1) 从余流日均变化来看,流向随潮型变化规律呈现大潮期总体指向下游口门,大潮之前的中潮期指向上游,大潮之后的中潮期总体指向下游口门,小潮期余流流向逐渐由指向下游转为指向上游方向;大潮期之前的中潮期余流流速最大。

(2) 从涨落潮流历时占比来看,日均涨潮流历时基本都超过 50%,总体显示大潮期的涨潮流历时最短,大潮期之前的中潮期涨潮流历时最长,而大潮期之后的中潮期涨潮流历时与大潮期相差不大。

(3) 从单宽涨落潮量占比来看,单宽涨潮量占比最大出现在大潮之前的中潮期,如 17 日和 31 日都超过 70%,最小出现在中潮向小潮过渡期,如 26 日只有 43.9%;单宽总潮量(=涨潮量+落潮量)大小反应潮流动力的强弱,单宽总潮量随时间变化呈现先增后减的规律性变化,于 24 日中潮期达到最大,两头中潮期最小,显示磨刀门水道内动力最强时段出现大潮之后的中潮期。

磨刀门水道内的潮动力日均变化规律与咸潮上溯密切相关,一般来讲,大潮之前的 2~3d,磨刀门水道内咸潮上溯最为显著,与此处得到大潮之前的中潮期余流流速最大且物质向上游净输运密切对应;大潮期及之后 2~3d 的中潮期,咸潮上溯明显减弱,与此处余流流速最小且主要指向下游相对应;紧随之后小潮和中潮过渡期,余流流向逐渐由指向外海口门变为指向上游,咸潮上溯强度又开始逐渐加强。

7.2.2 月均尺度下的垂向平均潮流动力特征

选取 2019 年 1 月 6 日至 2 月 4 日枯季整月内的磨刀门口门 A8、A9 和 A10 三站观测资料进行分析。期间,三灶站月平均高潮位和平均低潮位分别为 0.46m 和 −0.33m,平均潮差 0.79m,最高潮位 1.4m,出现日期为 1 月 21 日 9:00;上游马口站和三水站月平均流量分别为 4040m^3/s 和 2094m^3/s。上游来流与以往枯季基本持平。三个站平均风向为 NE 风,平均风速分别为2.1m/s、3.0m/s和3.5m/s，最大风速出现在A8站，接近11m/s，N风。图7-15、图7-16给出了枯季整月垂向平均潮流特征。

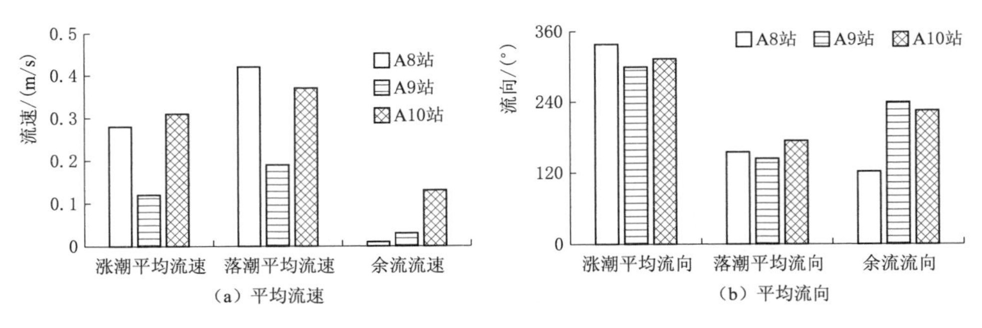

图7-15 枯季磨刀门测站垂向平均流速和流向（2019年1月6日至2月4日）

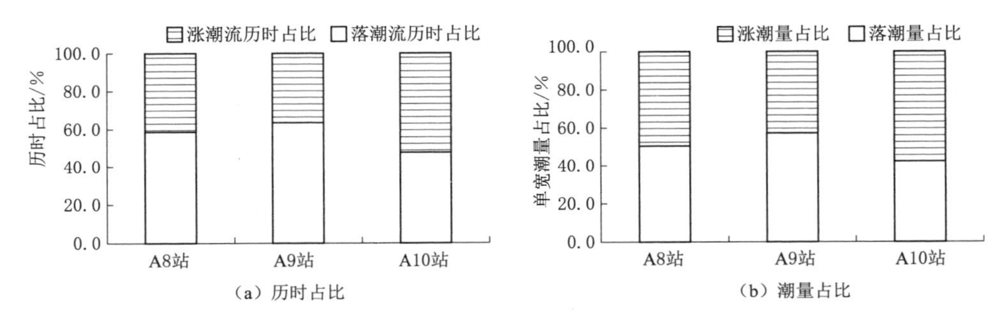

图7-16 2019年1月6日至2月4日枯季磨刀门测站垂向平均涨落潮流历时和潮量占比

月平均时段内的垂向平均涨潮、落潮流速都不超过50cm/s，流速总体呈现口门内大于口门外、口门外西侧大于口门外东侧；口门内涨潮、落潮流向沿水道走向；口门外东、西两侧涨潮流向都为WNW向，落潮流向为S～SSE向。枯季磨刀门口门以内余流流速很小，可忽略不计；口门外余流流速西侧大于东侧，西侧余流流速为13cm/s。口门外余流与沿岸流流向一致，为WSW向。磨刀门水道内和口门东侧涨落潮流历时在6：4左右，口门西侧落潮流历时比涨潮流历时大约4%；单宽潮量占比呈现磨刀门水道内涨落潮量之比为1：1，口门外东侧涨潮量比落潮量大14%，西侧涨潮量比落潮量小15%。

因此，磨刀门2019年枯季整月垂向平均流速都在50cm/s以内，磨刀门水道内涨落潮量之比为1：1，余流流速很小可忽略不计；口门外东侧涨潮量比落潮量大14%，西侧涨潮量比落潮量小15%，但西侧单宽总潮量是东侧2.7倍。从月平均来看，磨刀门水道主要受潮汐控制，涨落潮量相当；口门外东侧为涨潮优势流，西侧为落潮优势流。

图 7-17 和图 7-18 给出了 2019 年 1 月 6 日至 2 月 4 日枯季分层潮流、余流及分层涨落潮流历时占比图。分析结果如下。

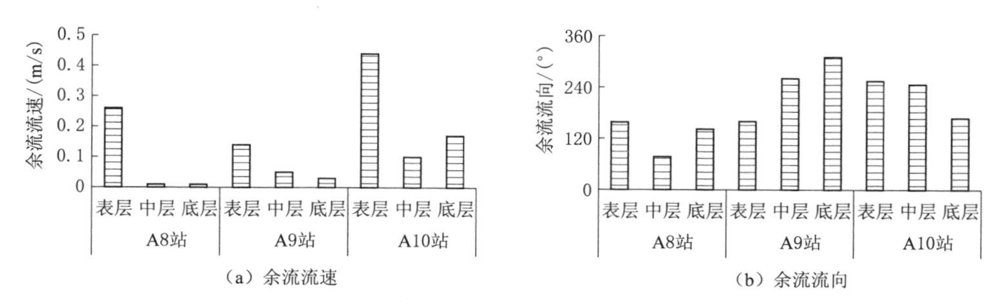

图 7-17 2019 年 1 月 6 日至 2 月 4 日枯季磨刀门月时段分层平均余流

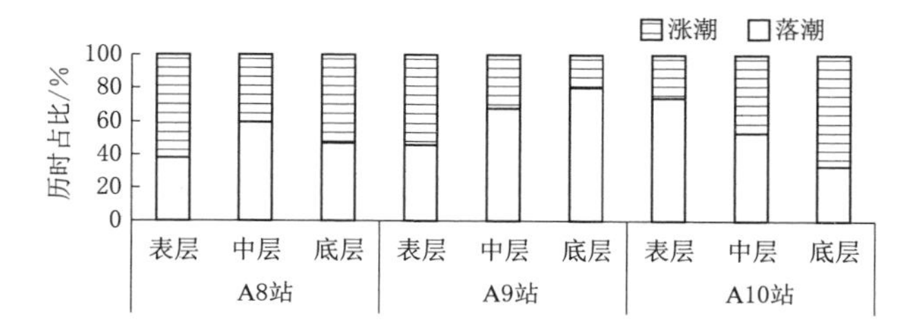

图 7-18 2019 年 1 月 6 日至 2 月 4 日枯季磨刀门月时段分层涨落潮流历时占比

(1) 磨刀门口门内水道（A8 站）：涨潮、落潮时段平均流速沿水深方向减小；涨潮流都是沿水道走向 NNW 向，落潮流向都为 SSE 向；表层余流流速最大，达到 26cm/s，SSE 向，中层、底层时段平均余流流速很小，可忽略不计；涨潮流历时随水深减小，表层涨潮流历时占比达到 81%，底层涨潮流历时占比 49%。

(2) 磨刀门口门外水域（东侧 A9，西侧 A10）：口门外涨潮时段平均流速沿水深方向减小，西侧涨潮动力大于东侧，西侧表层时段涨潮平均流速最大 61cm/s；东侧涨潮流向沿水深方向基本无变化，为 NW 向；西侧中层、底层涨潮流向 NW 向，表层涨潮流向 WNW 向；口门外落潮流向以 S～SE 向为主，落潮流速沿水深减小。口门外余流流速以表层最大，西侧余流流速显著大于东侧。东侧涨潮流历时占比由表层的 46%沿水深方向增大到底层的 80%，西侧涨潮流历时占比由表层的约 74%沿水深减小到底层的约 33%，显示枯季磨刀门口门外侧部分时段表层呈现顺时针环流、底层呈现逆时针环流的特征。

7.2.3　枯季潮段时间尺度下的潮流动力特征

图7-19～图7-22分别给出了磨刀门水道2019年1月6日至2月4日整月平均涨落潮流速和流向、余流、潮流历时占比和潮量占比随潮型的变化图。

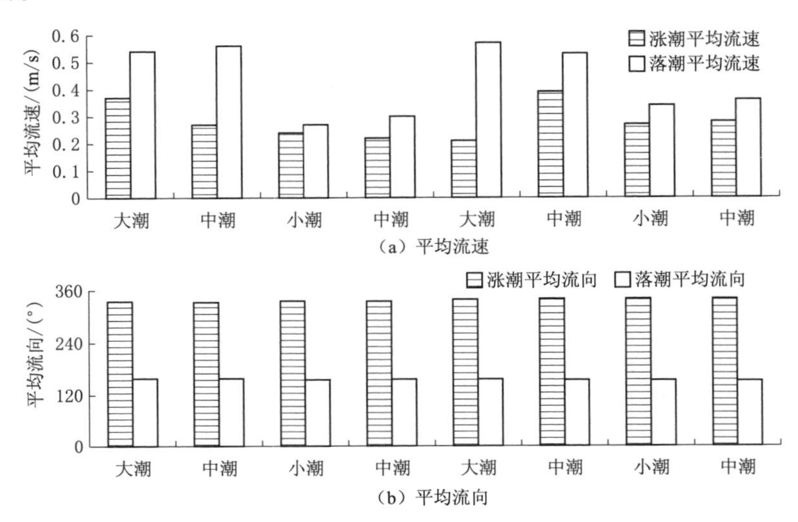

图7-19　2019年1月6日至2月4日枯季磨刀门水道月时段内平均流速和流向随潮型变化图

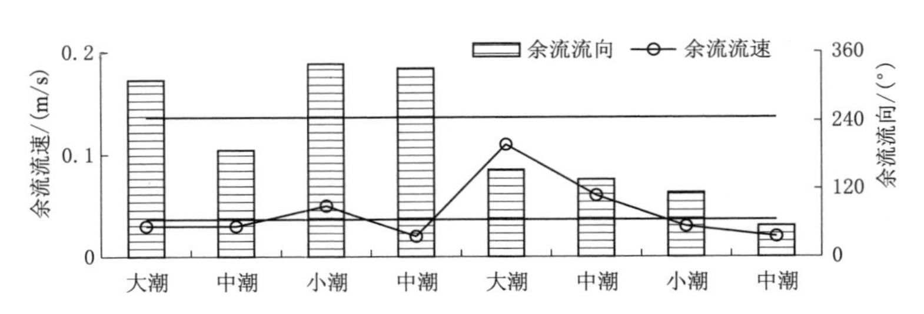

图7-20　2019年1月6日至2月4日枯季磨刀门水道月时段内余流流速随潮型变化图

(1) 从平均流速、流向来看，流速呈以半月时段为单位的周期性变化，总体表现为潮型越大，流速也越大；且不论任何潮型，落潮平均流速都大于涨潮平均流速。涨落潮流向稳定，不随潮型变化。

(2) 从月内余流来看，上半月（1月6—20日）与下半月（1月21日至2月4日）磨刀门水道内余流流向变化有所不同；上半月的4个潮型中，除大潮之后的中潮余流指向口门外海，其他潮段内余流都指向上游方向；

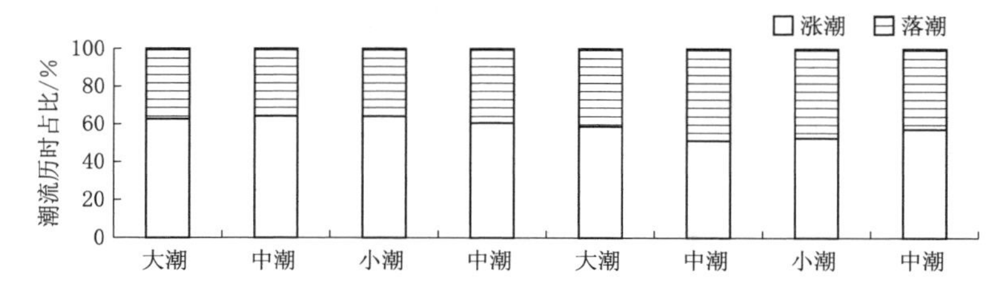

图 7-21　2019 年 1 月 6 日至 2 月 4 日枯季磨刀门水道月时段内潮流历时占比随潮型变化图

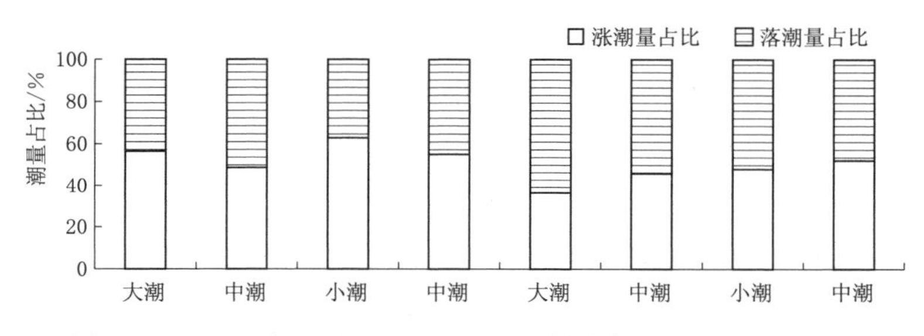

图 7-22　2019 年 1 月 6 日至 2 月 4 日枯季磨刀门水道月时段内涨落潮量占比随潮型变化图

下半月 4 个潮型中，除排第四的中潮余流指向上游方向，其他 3 个潮段内余流流向都指向口门外海方向；余流流速都不大，总体在 10cm/s 以内。

（3）从潮流历时和潮量占比来看，总体呈现涨潮流历时占比和涨潮量占比从上半月向下半月逐渐减小、落潮流历时和落潮流逐渐增大的趋势。

因此，从完整月内的潮流动力特征随潮型的连续变化过程来看，涨落潮流速大小仍呈以半月为时间单位的周期性变化，潮型越大，流速也越大，涨落潮流向始终不变；余流则明显呈现月内上半月和下半月规律不同，上半月 4 个潮型中有 3 个潮型余流指向上游，下半月则正好相反，有 3 个潮型内余流指向口门外海，余流流速总体在 10cm/s 以内；涨潮流历时和涨潮流总体呈现由月初向月末逐渐减小的趋势。

7.2.4　枯季半月时间尺度下的潮流动力特征

图 7-23 给出了上半月（1 月 6—20 日）与下半月（1 月 21 日至 2 月 4 日）两个时段内的潮流历时和单宽潮量特征值图。可见，涨潮历时都大于落潮流历时，上半月涨潮流历时比下半月涨潮流历时约大 8%；上半月涨潮量比落潮量大约 6.7%，下半月涨潮量比落潮量小约 3.2%。

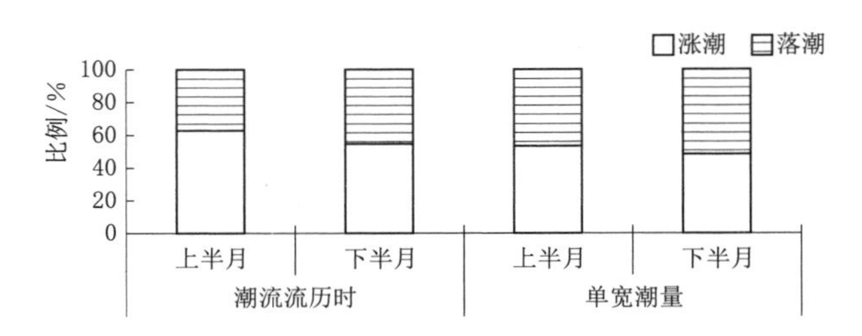

图 7-23　2019 年 1 月 6 日至 2 月 4 日枯季磨刀门水道整月时段上下半月潮流流历时和潮量占比

因此，磨刀门水道枯季月内上半月和下半月时段内的潮动力特征存在一定的差异，下半月潮动力大于上半月；上半月涨潮动力强于落潮动力，余流指向上游；而下半月正好相反，涨潮动力弱于落潮，余流指向口门外海，进一步证实前面以潮段为时间单位得到的月内连续变化规律。

7.3　磨刀门口门水域近年潮流动力变化规律及演变

7.3.1　水文气象资料

磨刀门是以径流作用为主的弱潮口门，泄流量和输沙量居珠江河口八大口门之首。2011 年前，东汊、西汊不断向海延伸、拓宽，西汊向海延伸速度平稳且逐渐向西偏转，东汊发育具有季节性特征，受波浪作用明显存在摆动。2011 年后，航道整治及采砂导致中心拦门沙大幅萎缩，磨刀门出口由东西两汊退化成单一出口格局，无疑会对口门潮流动力结构产生重大影响。为进一步核实对近年潮流动力结构变异情况，以 2011 年为时间界限，选取磨刀门水域 2020 年 1 月 20 日至 2 月 7 日、2018 年 12 月 17—31 日和 2009 年 12 月 10—25 日三次枯季实测海流气象资料进行分析，其中 2020 年和 2018 年枯季测站为 A8 站、A9 站和 A10 站，2009 年枯季临时测点为 1 号和 2 号。

2020 年 1 月 20 日至 2 月 7 日、2018 年 12 月 17—31 日和 2009 年 12 月 10—25 日枯季上游三水站和马口站流量变化过程如图 7-24 所示。2018 年 12 月 17—31 日，马口站日平均流量 $3893m^3/s$，三水站 $2080m^3/s$，两站分别比 2020 年 1 月 20 日至 2 月 7 日大 48%和 77%，马口站＋三水站日平均流量较 2020 年偏大 58.6%，可见 2018 年 12 月 17—31 日枯季流量显著大于 2020 年 1 月，且较以往枯季平均水平偏丰。2009 年 12 月 10—25

日，马口站日平均流量 2213m³/s，三水站 370m³/s，与 2020 年 1 月 20 日至 2 月 7 日相比，马口站日均流量略微偏大 9.6%，三水站则显著偏小 28.6%，马口站+三水站日平均流量与 2020 年 1 月 20 日至 2 月 7 日平均流量基本持平。

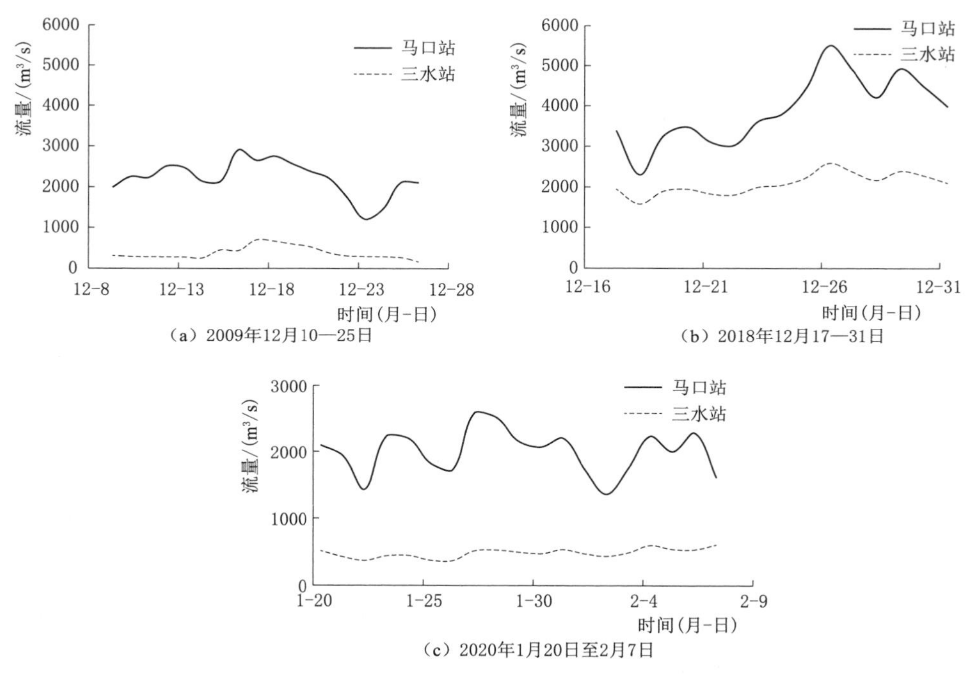

图 7-24 枯季不同年份三水站和马口站流量变化过程

表 7-3 统计了三灶站在 2009 年 12 月 10—25 日、2018 年 12 月 17—31 日和 2020 年 1 月 23 日至 2 月 6 日三个时间段内半月潮的潮汐特征。2009 年 12 月 10—25 日、2018 年 12 月 17—31 日和 2020 年 1 月 23 日至 2 月 6 日枯季平均潮差分别为 0.79m、0.81m 和 0.56m，可见，2009 年 12 月 10—25 日和 2018 年 12 月 17—31 日枯季潮汐动力相差不大，2020 年潮汐动力最小。从潮位变化趋势来看，近年平均高潮位和平均低潮位都有所抬升。

表 7-3　　三灶站枯季潮汐特征值　　单位：m

时　段	平均高潮位	平均低潮位	平均潮差	最高潮位	最低潮位	最大潮差
2009 年 12 月 10—25 日	0.22	−0.57	0.79	1.01	−1.11	2.12
2018 年 12 月 17—31 日	0.48	−0.32	0.81	1.53	−1.02	2.31
2020 年 1 月 23 日至 2 月 6 日	0.28	−0.30	0.56	1.06	−1.04	2.00

表7-4统计了枯季风速风向特征值。2009年12月10—25日枯季半月时段内，1号测点和2号测点均位于口门内，平均风都为NE风，风速分别为2.8m/s和3.6m/s；2018年12月17—31日枯季半月时段内，磨刀门口门内外平均风速3.9～4.5m/s，以N风～NNE风为主；口门外东侧（A9站）全部以NE风为主，平均风速4.5m/s；口门西侧（A10站）平均风向为N风，平均风速3.9m/s。2020年1月20日至2月7日枯季半月时段内，磨刀门水道内平均风速2.7m/s，为N风；口门外东侧水域平均风速为2.9m/s，为NE风；磨刀门口门外西侧水域平均风速3.5m/s，为NNE风。因此，枯季磨刀门水域以N风和NNE风为主，2018年12月17—31日枯季平均风速最大，2009年12月10—25日其次，2020年1月20日至2月7日平均风速最小。

表7-4　　枯季风速风向特征统计表

时段	站点	主风向1					主风向2					平均风	
		平均风速		最大风速		时长占比/%	平均风速		最大风速		时长占比/%	风速/(m/s)	风向
		风速/(m/s)	风向	风速/(m/s)	风向		风速/(m/s)	风向	风速/(m/s)	风向			
2020年1月20日至2月7日	A8	4.2	NNW	17.7	ENE	72.7	3.0	ESE	8.9	ESE	27.3	2.7	N
	A9	4.3	NNW	19.4	ENE	31.7	4.0	ENE	9.7	ENE	68.3	2.9	NE
	A10	3.6	NNE	19.5	ENE	98.2	0.7	SW	2.2	SSE	1.8	3.5	NNE
2018年12月17—31日	A8	4.9	N	11.9	N	81.8	3.9	ESE	8.4	E	18.2	3.9	NNE
	A9	4.6	NE	11.3	NNE	99.0	0.7	W	3.6	WNW	1.0	4.5	NNE
	A10	5.6	NNE	11.8	NNE	69.4	4.9	W	10.2	WNW	30.6	3.9	N
2009年12月10—25日	1号	3.5	NE	12.7	NE	81.7	3.4	SE	10.3	SE	18.3	2.8	NE
	2号	4.0	NE	18.2	N	92.7	1.2	S	5.4	S	7.3	3.6	NE

7.3.2　磨刀门枯季半月潮流特征比较

图7-25和图7-26给出了2020年1月与2018年12月枯季垂向平均潮流矢量差和涨落潮流历时与单宽潮量占比差。

磨刀门口门内：2018年12月枯季涨潮、落潮垂向平均流速和余流流速都大于2020年1月，涨、落潮平均流向和余流流向差别不大，余流流向较2020年枯季略东偏，都指向上游方向。涨潮流历时占比较2020年1月减小4.4%，相应落潮流历时占比增加4.4%；单宽涨潮量占比较2020年1月增加2.3%，落潮流同比例减小。

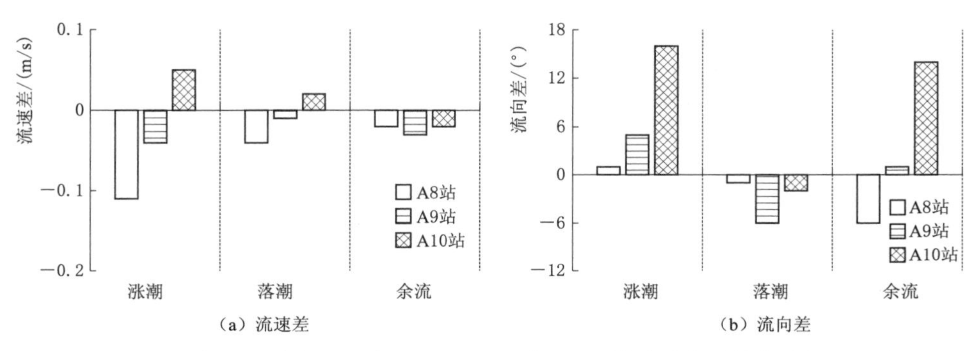

(a) 流速差 (b) 流向差

图 7-25 磨刀门测站 2021 年 1 月和 2018 年 12 月枯季垂向平均潮流矢量差异

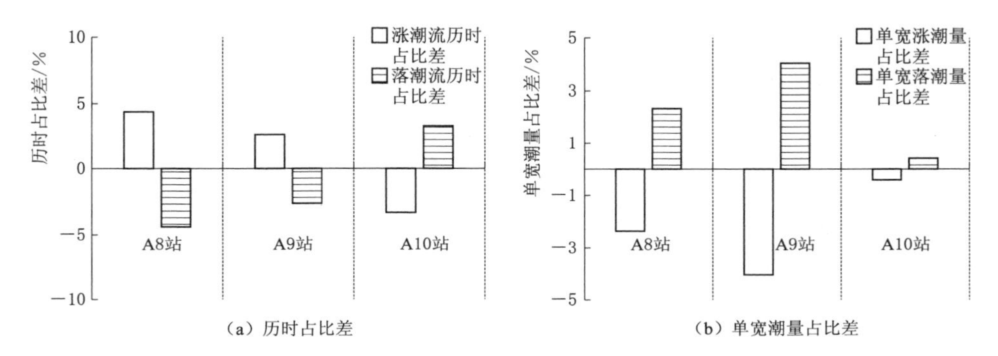

(a) 历时占比差 (b) 单宽潮量占比差

图 7-26 磨刀门测站 2021 年 1 月和 2018 年 12 月枯季潮流历时占比差与单宽潮量占比差

磨刀门口门外：2018 年 12 月与 2020 年 1 月枯季半月潮涨潮、落潮垂向平均流速和余流流速相差很小，都不超过 0.05m/s；涨潮、落潮流历时占比差异不超过 4%，单宽涨潮、落潮潮量占比差异不超过 5%；但口门外东侧、西侧变化趋势存在一定的差异，东侧涨潮、落潮流速较 2020 年 1 月略有增加，西侧略有减小，东侧涨潮流历时占比较 2020 年 1 月有所减小，西侧则有所增大；东侧、西侧单宽涨潮量占比较 2020 年 1 月都有所增大，但东侧增大趋势更明显。

总体来看，通过 2018 年 12 月枯季半月潮潮流特征分析并与 2020 年 1 月半月潮特征比较分析可得出以下结论。

(1) 从流速大小比较来看，由于上游来流和口门潮汐动力不同，两次枯季半月潮涨、落潮垂向平均流速及余流流速有所差异；2018 年 12 月枯季半月潮期间上游马口站+三水站来流量比 2020 年 1 月大 58%，平均潮差大 30%，因此磨刀门流速及余流流速总体大于 2020 年；另外磨刀门口门内与口门外东侧水域流速变化趋势一致。

(2) 从流向比较来看，两次枯季口门内与口门外东侧涨潮、落潮平均流向及余流流向变化很小，都在5°以内；口门西侧流向变化相对较大。两次枯季流向比较进一步证实了枯季外海涨潮流以NW向为主。

(3) 从涨潮、落潮流历时及单宽潮量比较来看，两次枯季差异都不超过5%，证实磨刀门水域枯季涨潮流历时大于落潮流历时，涨潮单宽潮量大于落潮单宽潮量。

从2018年年底和2021年年初磨刀门枯季潮流特征比较来看，除流速大小略有变化外，两者流态基本一致。

7.3.3 磨刀门水道内枯季半月潮海流特征比较

图7-27～图7-29给出了2009年12月10—25日1号测点和2号测点半月潮段的垂向平均潮流特征。两个测点位于磨刀门口门以内，且分布在A8站的下游和上游。由于该次枯季上游马口站+三水站来流与2020年极为接近，因此主要通过与2020年潮流特性（A8站）进行初步比较。

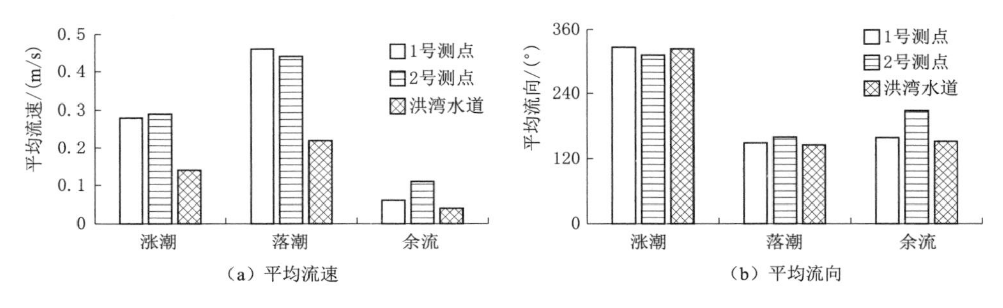

(a) 平均流速　　(b) 平均流向

图7-27　2009年12月10—25日枯季磨刀门测站垂向平均流速

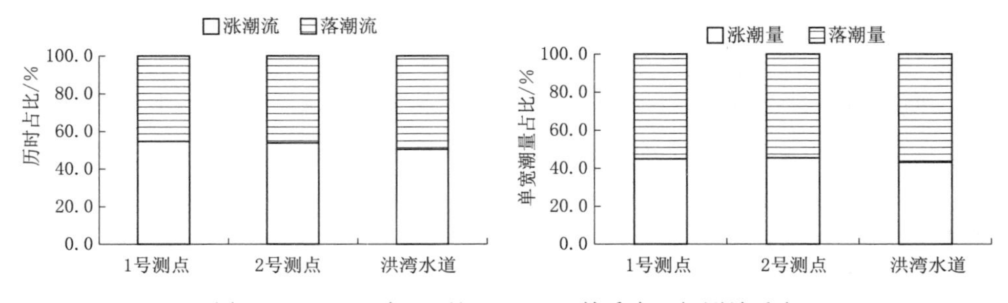

图7-28　2009年12月10—25日枯季磨刀门测站垂向平均涨落潮流历时和单宽潮量占比

(1) 潮流特征：2009年枯季实测磨刀门水道内涨潮、落潮流向基本沿水道走向，1号测点和2号测点涨潮、落潮流速相差不大，相比较来看，近口门站点涨潮流速略偏小，落潮流速略偏大；2020年枯季A8站涨潮、落潮流向与1号测点基本一致，流速较1号测点略微偏小。2009年枯季磨刀门水道内余流总体指向下游口门方向，但上游2号测点显著西偏，指向鹤州南方向。2020年枯季磨刀门水道内余流总体指向上游方向，但余流流速很小。

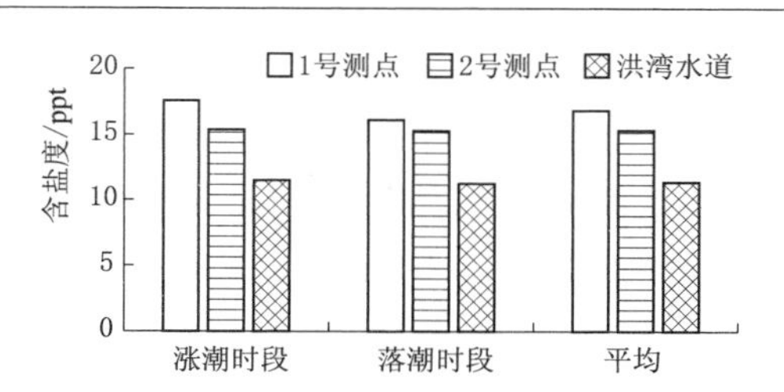

图7-29　2009年12月10—25日枯季磨刀门测站垂向平均含盐度

(2) 涨落潮流历时及单宽潮量特征：2009年枯季磨刀门口门内水道水深平均下的涨潮、落潮流历时占比分别为54%和46%，涨潮流历时略大于落潮流历时；单宽涨潮、落潮潮量占比分别为45%和55%，涨潮量小于落潮量。显然，与2020年枯季比较显示，两者都显示涨潮流历时大于落潮流历时，但2020年涨潮流历时占比和单宽涨潮量占比都提高到了60%左右，单宽涨潮量提升幅度达到15%，显示磨刀门口门枯季潮流动力特征发生了较大变化。

(3) 垂向平均含盐度：1号测点、2号测点和洪湾水道垂向平均含盐度分别为16.8ppt、15.3ppt和11.3ppt；涨潮时段平均含盐度分别比落潮时段平均含盐度高1.5ppt、0.1ppt和0.3ppt。

因此，2009年枯季磨刀门水道垂向平均潮流动力特征分析显示，垂向平均落潮流速大于涨潮流速，余流指向口门方向。2020年初枯季垂向平均潮流动力特性较2009年变化较为显著，余流流速相对2009年明显减小；涨潮流历时占比增加了6%，单宽涨潮量占比增加了15%。

7.3.4 磨刀门口门余流历年变化特征

20世纪80年代已有磨刀门口门水域整治前的部分余流最大值和最小值研究成果，如图7-30所示。通过与近年观测结果比较可得出如下结论。

(1) 枯季，20世纪80年代，磨刀门水道余流流速总体呈现由表层向底层递减，以S向和SE向为主，指向口门外，最大余流流速为表层0.48m/s，呈SE向。磨刀门外海区水域余流流向由表层至底层均为SW向，流向一致，最大余流流速为表层0.67m/s。该次浮标站实测结果显示，磨刀门水道内仍以表层余流流速最大，达到0.78m/s，为NW向，中层流速较小，为N向，底层余流流速可忽略不计；口门外西侧水域（A10站）余流流速

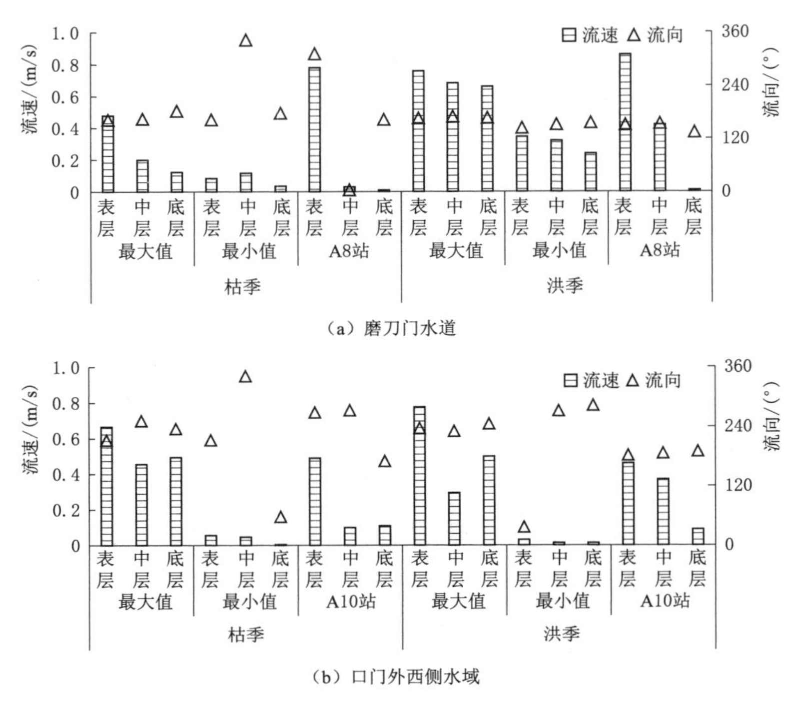

(a) 磨刀门水道

(b) 口门外西侧水域

图7-30 磨刀门水域历年实测余流对比

表层最大，为0.49m/s，流向为W向，中层、底层流速相差不大，约为0.10m/s，中层为W向，底层为SW向。因此，比较当前磨刀门口门余流与历年结果来看，磨刀门水道内枯季余流流态发生了较大变化，由历年的SE向变为NW向或N向，且表层余流流速显著增大；口门外海表层和中层余流流态由历年的SW向变为W向，余流流速有所减小。

（2）洪季，20世纪80年代，磨刀门水道汛期余流流速以表层最大，为0.76m/s，呈SE向，中层、底层余流流速略小些，但较接近，均呈SE方向。磨刀门外海水域余流流态仍以NW向或NE向为主，仍以表层余流流速最大为0.78m/s，呈NW向，而最小余流流向则以NE向为主。该次浮标站实测结果显示，汛期磨刀门水道余流流态与历年基本一致，为SE向，余流流速由表向底层递减，表层最大为0.86m/s；口门外西侧水域（A10站）余流流态以S向为主，余流流速由表层向底层递减，表层最大为0.46m/s。因此，比较汛期磨刀门口门水域余流历年变化来看，磨刀门水道内余流流态汛期与历年相比变化不大，口门外流态有所区别，可能是因A10站位于磨刀门洪水下泄主通道西侧主槽附近所致。

因此，与20世纪80年代磨刀门口门水域余流比较结果显示，枯季，磨刀门水道内余流流态发生了较大变化，由以往的SE向变为NW向或N向，且表层余流流速显著增大；洪季，磨刀门水道余流流态与往年一致。枯季，口门外海余流流态由历年的SW向变为W向，略有调整；洪季，A10站位于磨刀门洪水主槽，受径流影响大，余流流向以S向为主，以往实测位置更为偏西，以NW向为主，两者差别明显。

7.3.5 基于洪枯季潮流动力特征的磨刀门滩槽格局演变讨论

相较珠江河口其他口门，磨刀门直面南海，受潮汐动力影响最为显著。因此，口门拦门沙形态主要由潮动力、径流动力及SW向沿岸流动力共同作用塑造而成；在三类动力中，当潮动力较强时，一方面对磨刀门水道径流具有潮泵和导引作用，另一方面对SW向沿岸流具有明显遮蔽阻挡作用。

洪季，径潮流动力都较强，潮流动力轴为NE～SW向，在潮流动力导引下，大部分径流量随落潮流指向SW，导致口门外西侧落潮流历时比东侧大约18%，落潮流速比东侧大34%，余流流速是东侧的2倍且流向以S向为主；相较于磨刀门水道内洪水径流随潮流泵吸输移，洪水携带的大量泥沙因密度差及惯性作用，更多顺水道走向而出，出口门后流速迅速减小而在口门沉积；另外由于强潮动力对SW向沿岸流的遮蔽，导致沿岸流携带的泥沙在磨刀门口门沉降并形成逆时针环流。因此，洪季磨刀门口门总体表现为“西侧泄水、东侧输沙”的格局；洪季西侧泄洪通道由于流速大，泥沙不易落淤且容易发生冲刷，因此磨刀门口门西汊主槽成为主要的泄洪通道，其走向也呈现SW向；主槽东侧由于泥沙落淤逐渐演变为拦门沙。

枯季，径流动力弱，潮流动力也减弱且调整为SE～NW向，在东北季风影响下，SW向沿岸流动力进一步增强，可穿透潮流动力的遮蔽，磨刀门口门东西侧余流都变为沿岸流方向；枯季珠江河口水域及上游含沙量都很小，涨潮流来自SE向，逼近口门时，受横琴岛岸线束窄，涨潮流速增大，会逐渐在口门东侧形成SE向的涨潮沟，最终演变为口门东侧支汊。枯季落潮流以S向和SE向为主，由于潮流含沙量很小，易造成浅滩冲刷，而泥沙SW向的净输移容易引起泥沙在主槽落淤。

因此，分析来看，2011年前磨刀门口门演变出的“一主一支”格局，西侧主汊及拦门沙西侧边界形态主要是洪季NE～SW向潮流动力和洪水共同作用塑造而成，而东边支汊及拦门沙东侧边界形态更多是枯季 SE 向涨潮动力塑造而成。洪水期东汊容易淤积，枯水期西侧主槽更易落淤。当前，由于口门拦门沙近乎消失，在径潮动力格局总体不变的前提下，可预见拦门沙的恢复形态与重塑高度将主要取决于磨刀门水道上游来沙、西南沿岸流的输沙与河口区动力如径流、潮流、咸淡水混合、沿岸流和风浪等的交互作用与适应平衡。

7.4　小结

磨刀门口门内外水域定点观测数据分析显示，磨刀门口门内水道垂向平均落潮流速洪季比枯季大约 14%、涨潮平均流速洪季约为枯季一半，水道内洪季余流流速很大，枯季则可忽略不计。口门外东汊和西汊涨潮流态洪季存在相互顶托，枯季均为 WSW 向，洪枯季余流流速西汊均大于东汊。不论洪枯季，磨刀门口门外近底层水深范围存在逆时针半环流结构，枯季尤为明显。采用线性回归法能较好拟合磨刀门水道内潮周期垂向平均流速和余流与主要动力因子的相关关系，显示潮汐动力和海面风对水道内余流影响较小，径流动力洪季影响显著、枯季影响很小。净潮通量相关分析显示，洪季径流动力强劲，东汊和西汊潮通量变化规律一致；枯季，磨刀门水道净通量主要输运至东汊水域，随沿岸流朝 SW 向输运进入西汊，然后随离岸流朝南侧外海方向输出，符合口门外逆时针半环流结构的输运特征。

分别以日尺度、潮型时长尺度、半月时长尺度和月时长尺度为时间单位分析了磨刀门枯季潮流动力特征。结果显示，大潮期是潮动力特征最为明显的分界点，大潮期之前的中潮和小潮，磨刀门水道内物质向上游净输运；大潮期和大潮之后的中潮，物质向口门外海净输运。月时长尺度分析结果显示，磨刀门水道枯季月内余流流速很小；涨潮流历时和单宽涨潮量总体呈现由月初向月末逐渐减小的趋势。磨刀门水道枯季下半月潮流动力大于上半月；上半月涨潮动力强于落潮动力；下半月正好相反，涨潮动力弱于落潮动力。

与 2009 年的比较结果显示，近年来，枯季磨刀门水道余流流速明显减小，涨潮流历时占比增加了 6%，单宽涨潮量占比增加了 15%。沿水深分层变化来看，表层涨潮动力较 2009 年枯季增强且方向指向上游，潮流历时特性沿水深方向发生了逆转，涨潮流历时变为沿水深方向减小、落潮流历时沿水深方向增大，且枯季表层涨潮流历时占比较大，底层则演变为涨潮、落潮流历时基本相等。从磨刀门水道余流历年变化特征来看，显示枯季余流流态由以往的SE向变为NW向或N向，洪季则无变化。

第8章　黄茅海洪枯季潮流动力时空变化特征

8.1　黄茅海水域及定点观测资料

8.1.1　黄茅海河口湾动力研究概述

黄茅海大杧岛以东槽道为东槽，即崖门出海航道东航道所在水域，荷苞岛—大襟岛之间为西槽，大襟岛以西至堤岸为西西槽。外海涨潮流率先从东槽和西槽上溯，东槽涨潮流强于西槽，上溯潮流与径流主要在黄茅海湾中部靠西侧水域相汇，流态复杂，易形成高含沙缓流区。落潮主流由崖门口沿出海航道以射流形态进入黄茅海中部，流势较强，之后分东、中、西三股输移至湾外，且以西槽为主。21世纪以来，黄茅海湾顶的崖门深槽扩宽加深，向下游延伸与东槽贯通；湾口西槽向东北偏移扩展并与崖门深槽连接；西滩SE向淤积趋势变缓，东滩以冲刷为主，大杧岛—荷包岛岛间水域－5m以浅浅滩向东西两侧发展（张心凤，2014）。

黄茅海主要由西江、北江主干道不断向海快速推进及东、西两侧淤积速度相对滞后形成（乔彭年，1992），潭江和西江、北江支汊部分来水来沙由崖门和虎跳门注入黄茅海，其径流量仅占珠江河口八大口门的4.6%和3.9%（贾良文 等，2012）。湾顶崖门口具有独特的不对称双向射流特征，口门以北为涨潮优势流，以南为落潮优势流（韦惺 等，2011）；黄茅海属于潮流动力优势型河口，水下地形呈“三滩两槽”格局（徐君亮，1988），崖门径流挟沙形成西岸边滩和拦门浅滩，虎跳门径流挟沙落淤于东岸浅滩（杨雪舞，1993；应强 等，1997），主槽下泄流与湾口涨潮流两大动力体系在拦门沙区域相遇交汇，形成动力较弱的过渡区，泥沙容易落淤（张心凤 等，2007）；洪季，拦门沙滩顶会呈现表层和底层向W、中层向E的三层侧向流，前缘侧向流则整体向W（杨名名 等，2016）。湾内夏季海水为高度成层和似层状，盐水楔随涨落潮流进退于赤鼻岛与拦门浅滩之间；冬季为强混合或缓混合型，盐水楔侵入至口门以内（黄方 等，

1994)。近年，围垦工程导致2000年年初河口湾水域面积较20世纪80年代减少约35%，纳潮量减小约19.5%（贾良文 等，2012)；中水大潮情况下，黄茅海推荐治导线围垦工程导致崖门口及以上河段的涨落潮量增加和高潮位降低，河口湾内涨落潮潮量减小且海流活动性减弱（汤立群 等，2008)，黄茅海河口湾向浅滩淤浅、深槽下切、总体缩窄变深方向演变，滩槽格局出现由“三滩两槽”向“两滩一槽”格局转换（杨清书 等，2023)。因此，近年黄茅海水域地形地貌发生了显著变化，本章基于定点观测数据对该水域当前洪枯季潮流动力特征进行了阐释。

8.1.2 定点观测资料

观测数据源于珠江水利委员会水文局布置于黄茅海水域内的浮标站A11站。A11站位于大杧岛西北侧约3.4km，平均水深约4.8m，位于拦门沙外缘与东槽上段交汇处。浮标站使用声学多普勒流速剖面仪——浪龙1MHz采集流向、流速、水深等数据，仪器垂向分辨率为0.3～0.5m/层，垂向测量范围为0.41～25.0m，采样间隔为20min。洪季观测时段为2019年7月16—31日（农历二〇一九年六月十四至二十九)，枯季观测时段为2019年2月4—19日（农历二〇一八年十二月三十至二〇一九年正月十五)，洪季和枯季时长均为16d，按珠江河口潮周期时长约24.8h，可分为15个完整潮周期。同步观测期间上游来流量和口门潮差变化过程如图8-1所示。洪季，浮标站观测到所在海域半月平均潮差约1.6m，最大潮差2.34m，出现在大潮期7月16日左右，期间上游来流量从7月16—18日不断增大到最大值26900m^3/s，为常遇洪水量级，然后减小至31日的9600m^3/s；枯季，半月平均潮差约1.1m，最大潮差出现在大潮期2月5日左右，期间上游来流量在4100m^3/s左右变化，分析时段末有所增大。

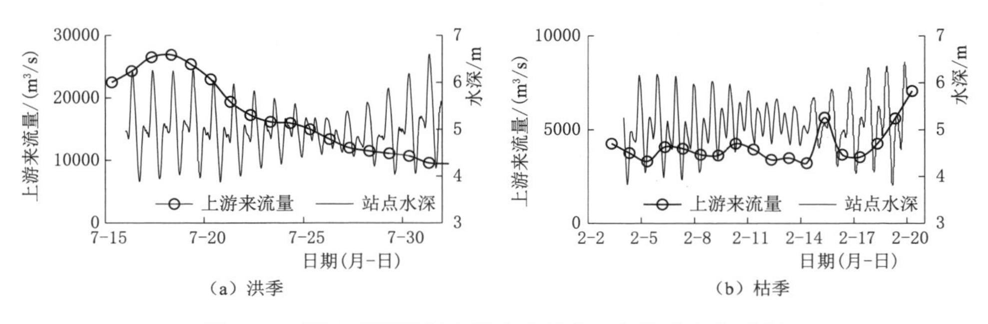

(a) 洪季　　(b) 枯季

图8-1　同步观测期间上游来流量和口门潮差变化过程

浮标站观测了海面以上2m的风速、风向数据，采用的设备型号为GILL GMX500风速风向仪，观测频次为10min。观测期间洪季、枯季潮周期平均风速矢量如图8-2所示。洪季以SE风～SW风为主，平均风速为1.48m/s，最大潮周期平均风速为8.2m/s，ENE风，出现在第15个潮周期；枯季以E风为主，平均风速为3.3m/s，最大潮周期平均风速8.0m/s，正N风，出现在第8个潮周期；枯季平均风速显著大于洪季。

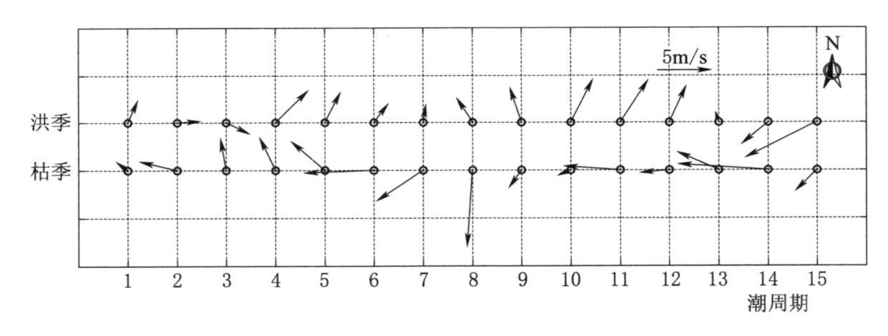

图8-2　浮标站海面潮周期平均风速矢量图

8.2　洪枯季潮周期垂向平均潮流特征

8.2.1　潮流动力特征

黄茅海洪枯季定点观测的潮周期垂向平均潮流矢量如图8-3所示，潮周期垂向平均落潮流历时占比如图8-4所示。黄茅海水域潮周期涨潮流和落潮流分别以NNW向和SSE向为主，除小潮期间涨潮流向洪季较枯季略偏E外，总体随季节变化不大；洪季落潮流历时总体大于涨潮流历时，枯季两者相差不大。潮周期涨潮平均流速洪季变化范围为18.0～33.0cm/s，枯季为10.0～32.0cm/s，落潮平均流速变化范围洪季为20.0～51.0cm/s，

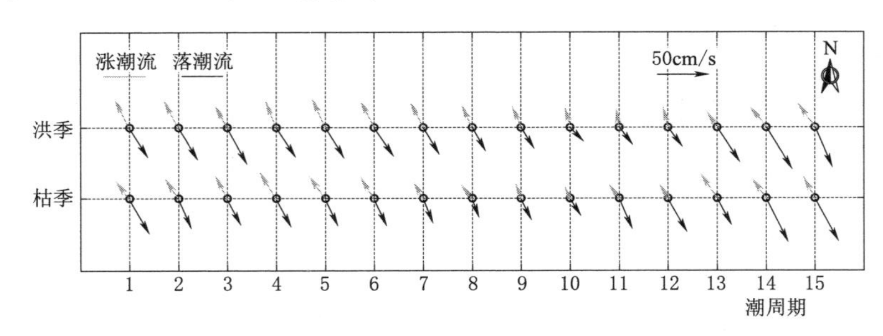

图8-3　黄茅海洪枯季定点观测的潮周期垂向平均潮流矢量图

枯季为19.0～50.0cm/s，流速大小主要随潮型变化，天文潮型越大，流速越大。潮周期落潮流历时占比洪季在59%左右变化，枯季则在50%左右。因此，A11站所在水域潮流速和流向主要受天文潮控制，属于潮控区为主，洪水径流对其影响较小，但对潮流历时仍存在一定影响；枯季以E风为主，且风速显著大于洪季，在天文潮动力减弱时（小潮），导致枯季涨潮流态较洪季偏W。

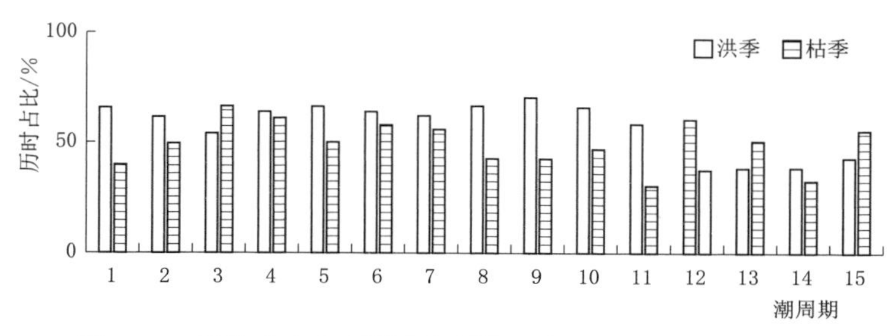

图8-4　洪枯季定点观测的潮周期垂向平均落潮流历时占比

8.2.2　垂向平均余流及通量特征

图8-5为浮标站洪枯季半月时段内15个连续潮周期的垂向平均欧拉余流、拉格朗日余流和斯托克斯余流矢量变化图，图8-6为E向和N向潮周期单宽净通量比较。拉格朗日余流矢量反应水流质点的运动方向，与图8-6净通量相对应。洪季，径流动力增强，各潮周期潮流质点均朝南侧外海方向运动，单宽净通量在N向均为负且其绝对值和拉格朗日余流大小随潮周期均呈减小趋势，与洪季上游来流量变化趋势一致（图8-1），E轴向主要指向东侧，仅在第14和第15潮周期内向W，与两潮周期NE风（图8-2）密切相关。枯季，拉格朗日余流流速及净通量总体小于洪季，受枯季海面E风增强作用，潮周期内水流质点运动方向在朝南侧外海

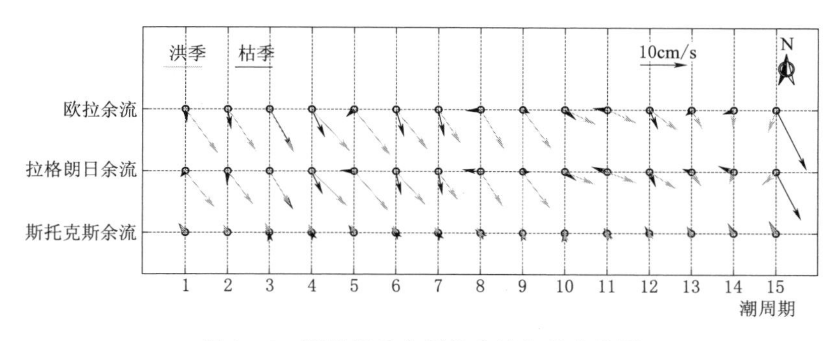

图8-5　潮周期垂向平均余流矢量变化图

和朝西侧之间变化，表现为部分潮周期E向净通量朝西。因此，不论洪季或枯季，半月时段内测站所在黄茅海水域仍呈现朝南侧外海方向净输出，洪季SE风或SW风速小，对黄茅海余流流态影响很小，但强E风在洪季和枯季部分时段形成自东向西的余流净输移，代表潮汐和潮流不均匀变形作用形成的潮周期平均斯托克斯余流净输运始终指向上游方向，比欧拉余流和拉格朗日余流小一个数量级，其对测点所在水域潮流物质朝外海方向的输运起抑制作用，也是水流质点输运（拉格朗日余流）略弱于平流输运（欧拉余流）的原因。

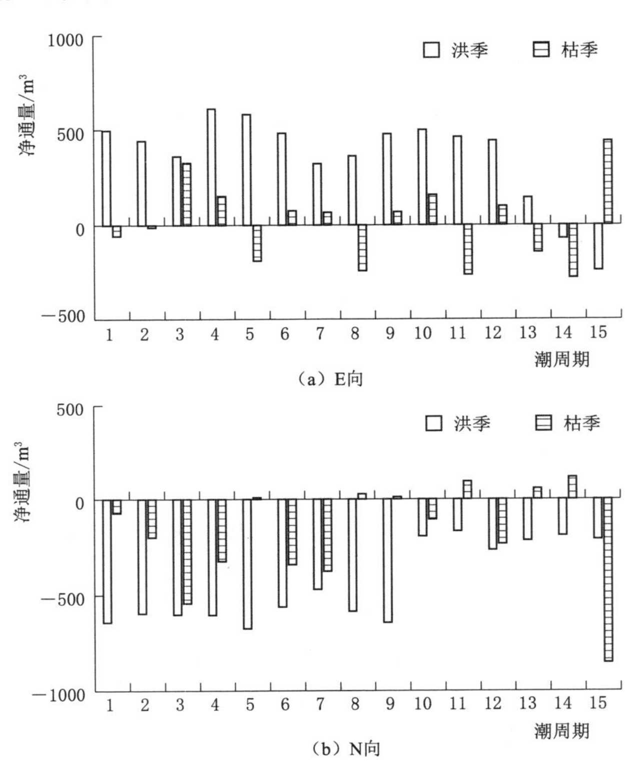

图8-6　洪枯季E向和N向潮周期单宽净通量比较

8.3　洪枯季潮周期分层潮流动力特征

8.3.1　分层余流及历时特征

图8-7为洪枯季分层余流矢量时空变化图，图8-8为洪枯季半月平

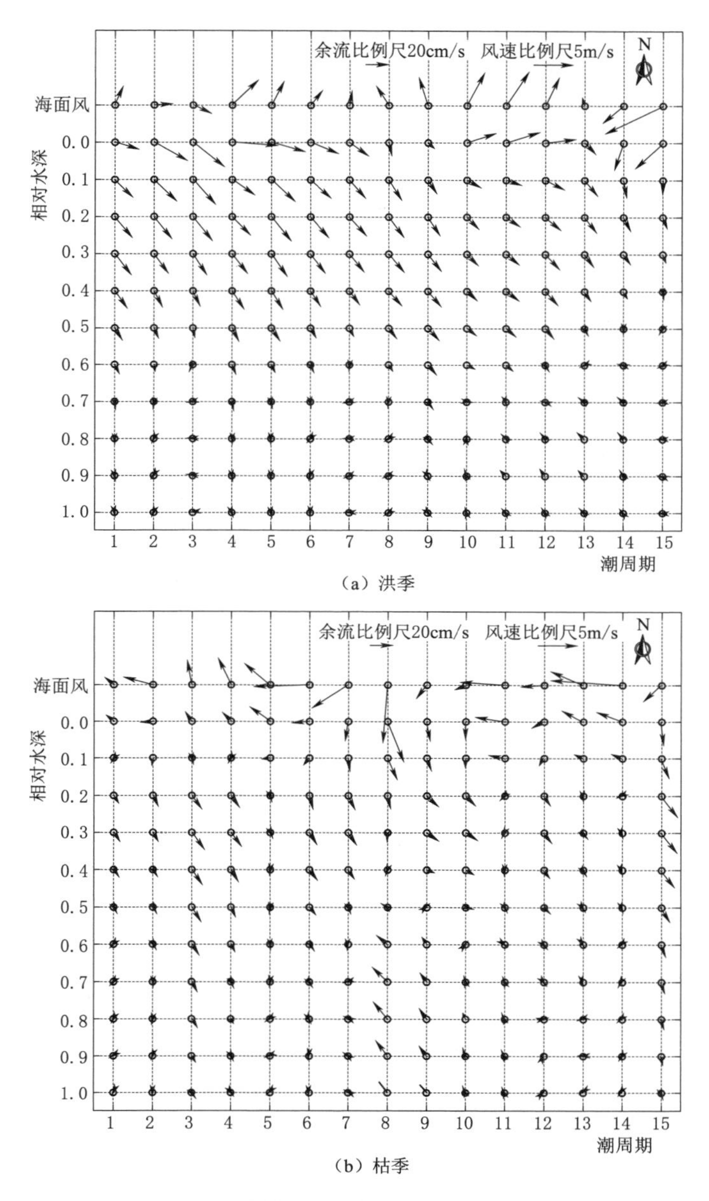

图 8-7 洪枯季分层余流矢量时空变化图

均涨落潮流历时分层分布。纵坐标采用相对水深，0 为近水面表层，1 为靠近河床底层。洪季，洪水径流动力增强，受垂向密度差引起的重力分层影响，由相对水深在 0～0.5 的水深层朝 SE 向输出，余流流速总体呈由表至底减小趋势，0.5 层以上水深范围余流流速超过 10.0cm/s；海面 SE 风或 SW 风对表层 SE 向余流具有明显抑制作用，导致最大余流流速出现在 0.2 层位置；潮流历时以 0.7 层为界，以上落潮流历时大于涨潮流历时，以下则相反，涨落潮流历时最大差出现在 0.2 层，与最大余流出现位置相对应。枯季，径流动力较弱，大多数潮周期内各水深层余流流速在 10.0cm/s 以下，0～0.1 层近表层水深范围余流受海面风主导，表层余流以自东向西为主，与洪季自西向东相反，最大余流流速一般出现在 0.3 层位置，在第 8 个潮周期，海面风为正 N 风且达到最大值，测站垂向余流呈现表层、底层反向特征；垂向潮流历时特征与洪季相似，但其分界变为 0.6 层，且涨潮流和落潮流历时差异较洪季显著减小。

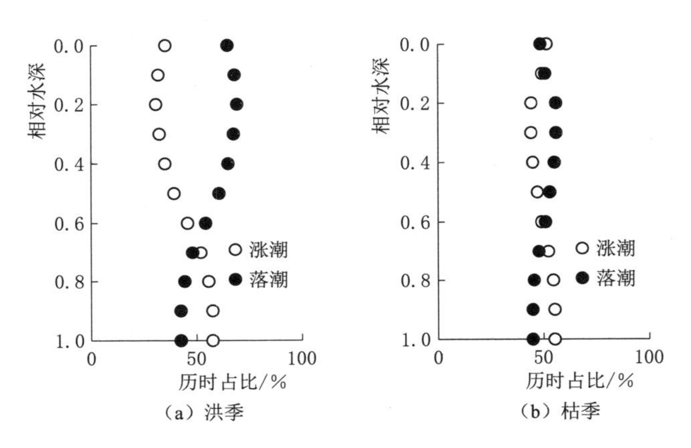

图 8-8　洪枯季半月平均涨落潮流历时分层分布

8.3.2　水平流速垂向梯度时空特征

洪枯季水平流速垂向梯度时空变化如图 8-9 所示。水平流速垂向梯度计算方法为：先将垂向各层流速矢量分解为 E 向和 N 向上的标量，分别计算两坐标方向上流速分量垂向梯度，然后将两分量合成即得到垂向流速梯度值，反应垂向流速梯度变化引起的剪切作用。不论洪季还是枯季，各时刻垂向最大水平流速梯度均出现在表层，大潮和中潮落憩期间，河床底部容易出现相对较大的流速剪切梯度值，且洪季较枯季更明显；洪季，最大流速剪切梯度出现时间在 7 月 16 日 11：00 左右的落潮期间，达到 1.08m/(s·m)，此时海面风为 SSW 风（图 8-2），与落潮主流向总体相反；枯季出现在 2 月 15 日 0：00 左右落潮期，垂向梯度达 1.28m/(s·m)，海面为 E 风，同样与落潮主流向相反。因此，黄茅海水域垂向流速剪切梯度以表层最大，主要受洪枯季海面风控制；底层最大流速剪切梯度出现在落潮流向涨潮流转换的憩流期间，洪水期间该特征更明显，与垂向盐度密度分层密切相关（黄方 等，1994）。

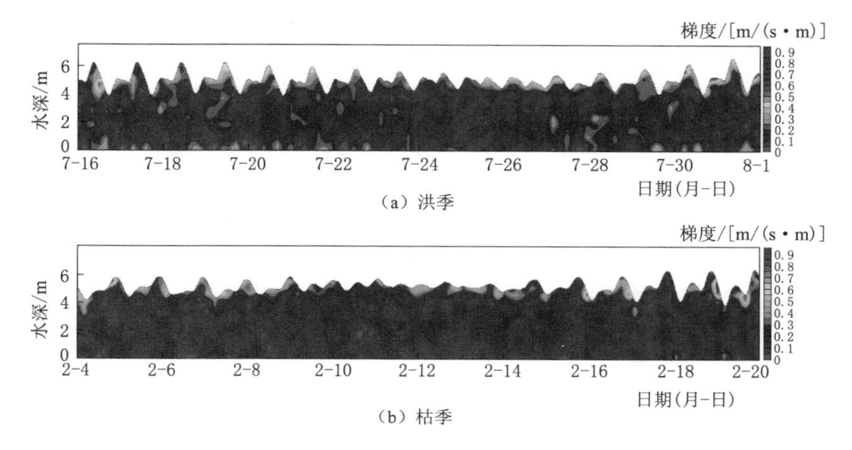

图 8-9 洪枯季水平流速垂向梯度时空变化图（参见文后彩图）

8.4 黄茅海径潮动力因子作用规律分析

8.4.1 径潮动力线性回归定量分析方法

由图 8-3 可知，浮标站所在水域涨落潮流主方向和余流方向基本稳定，潮周期平均流速主要受潮型和径流影响。为探讨潮汐动力、径流动力和其他动力因子对黄茅海河口湾潮流的作用规律，基于马口流量和测站观测水深变化过程（图 8-1）计算到的潮周期平均潮差，应用二元线性回归法拟合潮周期垂向平均潮流特征值与主要动力因子的关系式为

$$U_{ave}=a\Delta z+bQ+c \tag{8-1}$$

式中：U_{ave} 为潮周期垂向平均流速或余流流速，m/s；Δz 为潮周期平均潮差，m；Q 为径流量，m^3/s；a、b、c 为对应动力因子对 V_{ave} 值的贡献权重。

潮周期垂向平均涨潮流速、落潮流速和余流流速采用 1.3 节方法计算得到，潮动力采用浮标站潮周期平均潮差 Δz 代表，径流动力采用马口站当天与前一天流量的平均值，对系列数据拟合得到动力作用系数 a、b、c 的值。洪季和枯季分析时段内 A11 站共 15 个潮周期涨潮垂向平均流速、落潮垂向平均流速和垂向平均余流拟合结果如图 8-10 所示，两者基本吻合且变化规律一致，其中，洪季拟合度总体要好于枯季，落潮阶段好于涨潮阶段，海面风增强时拟合度较差，径流动力增强有利于抑制其他非线性动力因子干扰。

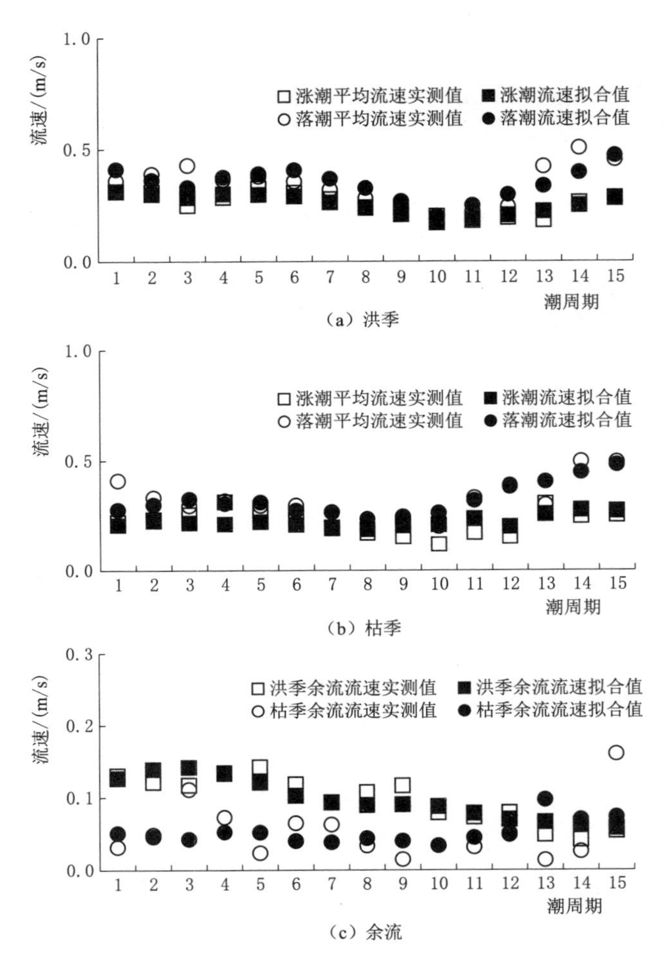

图8-10　磨刀门水道A8站潮周期平均流速实测值与拟合值比较图

8.4.2　动力因子对潮流运动的作用规律

采用线性回归法得到式（8-1）中的系数值如图8-11所示。从各动力因子对潮流运动作用规律来看，拟合参数 a 洪季和枯季始终为正，显示潮汐动力始终驱动站点潮流的往复运动，且其影响呈洪季大于枯季、落潮阶段大于涨潮阶段，与枯季半月平均潮差较洪季减少约31%对应；由于站点距离崖门口较远（约28.5km），位于上溯流与径流交汇的过渡区，径流

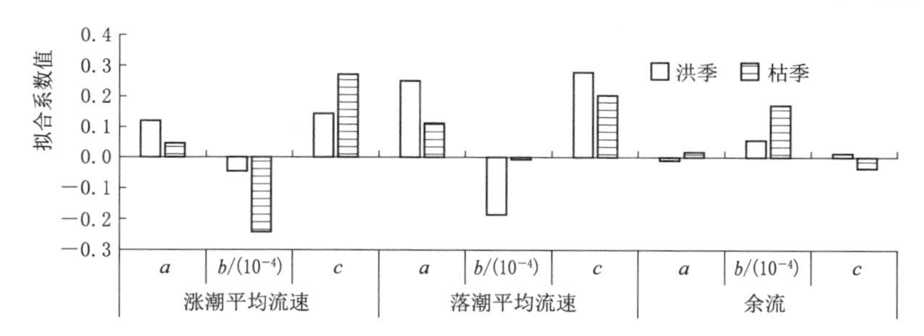

图 8-11　浮标站 A11 站潮周期垂向平均流速的动力因子作用系数

至此以漂流形态随潮运动，由于动量守恒，不论涨潮阶段还是落潮阶段均会削弱潮流速，导致径流动力作用到潮流运动的系数 b 均为负；其他因子综合作用系数 c 代表海面风应力、斜压密度梯度力、波浪辐射应力、岸线及地形阻力影响等综合作用的结果，不论洪季还是枯季其值均为正，对浮标站所在水域潮流运动影响较大。洪枯季各动力因子中，余流主要受径流动力主导，潮汐动力及其他动力因子影响较小。

将海面风矢量分解为 E 向和 N 向潮周期平均分量，采用皮尔逊法计算洪季和枯季其与潮周期平均净通量及表层余流的相关性，结果如图 8-12 所示。洪季净通量与海面风为中等相关，枯季相关性不明显，考虑到枯季海面风速显著大于洪季，洪季中等相关性存在一定的偶然性，海面风总体对浮标站所在海域潮流物质净输运影响不大；不论洪季还是枯季，表层余流 E 向分量与 E 向风、N 向余流与 N 向风均为强相关，与图 8-7 风矢量与表层余流流态基本一致相对应。

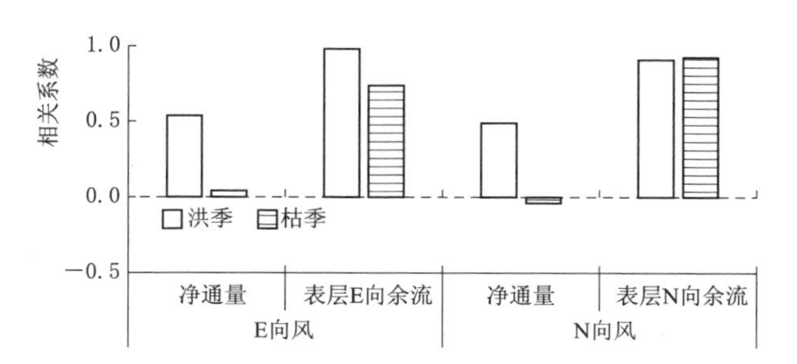

图 8-12　磨刀门口门浮标站半月轴向平均净通量与表层余流相关系数图

8.4.3　冲淤演变规律讨论

实测洪枯季半月平均水深为 4.6～4.8m，年平均含沙量为 0.1～0.2kg/m^3，平均中值粒径约 6μm，根据罗肇森等（1997）的适应浮泥起动公式，计算到A11站泥沙起动流速V_c约0.34m/s，将其与图8-3中的潮周期平均流速比较得其差值（潮周期平均流速减去泥沙起动流速），差值为正表示河床面泥沙容易起动从而出现冲刷，为负则相反，洪季和枯季潮周期平均流速与泥沙起动流速的差值图如图8-13所示。洪季和枯季的涨潮期该差值均为负值，显示站点所在水域涨潮期以落淤为主；差值为正主要出现在洪季和枯季的大潮和中潮的落潮期，站点河床容易出现冲刷，且洪季更显著；小潮期间，该差值均为负且其绝对值最大，河床会出现明显淤积现象。因此，该水域河床冲淤变化主要受控于潮汐动力，洪季平均潮差显著大于枯季是洪季落潮期冲刷时段长于枯季的主要原因；另外，统计该次洪季和枯季半月垂向平均涨潮流速分别为0.26m/s和0.22m/s，半月垂向平均落潮流速分别为0.34m/s和0.32m/s，因此，A11站所在水域河床总体以落淤为主。

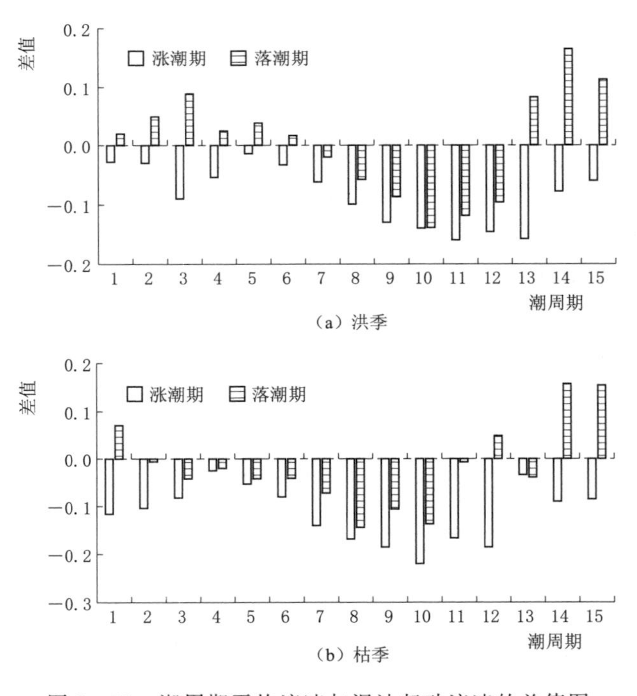

图8-13　潮周期平均流速与泥沙起动流速的差值图

8.5　小结

（1）站点所在黄茅海河口湾水域涨潮流和落潮流以NNW向和SSE向

为主，洪季落潮流历时总体大于涨潮流，枯季两者相差不大。河口湾径潮流以朝南侧外海方向净输出为主，斯托克斯余流对该输运起抑制作用，是水流质点输运略弱于平流输运的原因。

（2）洪季，洪水径流主要由0～0.5层范围朝SE向输出，表层余流自西向东，海面风对其具有明显抑制作用。枯季，大多数水深层余流流速在10.0cm/s以下，表层余流变为自东向西，垂向上涨潮流和落潮流历时差异较洪季显著减小；垂向流速剪切梯度以表层最大，主要受海面风控制；底层最大流速剪切梯度出现在落潮流向涨潮流转换的憩流期间，洪水期间该特征更明显。

（3）线性回归法可较好地拟合潮周期平均流速和余流与主要动力因子的相关关系；潮汐动力始终驱动着黄茅海河口湾潮流的往复运动，其影响呈洪季大于枯季、落潮阶段大于涨潮阶段；径流抵达浮标站水域后以漂流形态随潮运动为主；其他因子综合作用影响相对较大；余流始终受径流动力主导。海面风总体对浮标站所在海域潮流物质净输运影响不大，但与表层余流强相关。

（4）浮标站所在水域河床涨潮期以落淤为主，河床冲刷现象主要出现在大潮和中潮的落潮期，且洪季更显著；天文潮小潮期间，不论洪季还是枯季，河床会出现明显的淤积现象。河床冲淤演变主要受控于潮汐动力，在此半月时段内，浮标站所在水域河床总体以落淤为主。

参 考 文 献

包芸，任杰，2003. 珠江河口西南风强迫下潮流场的数值模拟［J］. 海洋通报，22（4）：8－14.

包芸，任杰，2005. 伶仃洋盐度高度层化现象及盐度锋面的研究［J］. 水动力学研究与进展（A辑），20（6）：689－693.

陈波，李培良，侍茂崇，等，2009. 北部湾潮致余流和风生海流的数值计算与实测资料分析［J］. 广西科学，16（3）：346－352.

陈德清，王问宇，施旖，等，2010. WISKI软件在水文水环境数据分析处理中的应用［J］. 科技创新导报，7（13）：135－136.

陈吉余，徐海根，1988. 长江河口南支河段的河槽演变［A］. 陈吉余，沈焕庭，恽才兴. 长江河口动力过程和地貌演变［M］. 上海：上海科学技术出版社.

陈金瑞，李雪丁，郭民权，等，2016. 平潭海域定点实测海流资料分析［J］. 海洋预报，33（4）：46－52.

陈荣力，刘诚，高时友，2011. 磨刀门水道枯季咸潮上溯规律分析［J］. 水动力学研究与进展，26（3）：312－317.

陈胜，刘文胜，傅轩诚，等，2019. 海洋观测数据在海洋预报和海洋防灾减灾中的适用——以温州市和台州市为例［J］. 海洋开发与管理（2）：24－27，32.

陈望春，2007. 水文资料分析预测初探［J］. 中国水运，5（10）：73－74.

陈文彪，陈上群，等，2013. 珠江河口治理开发研究［M］. 北京：中国水利水电出版社.

陈文彪，王琳，邓家泉，等，1999. 珠江口伶仃洋的治理研究［J］. 水利学报（3）：75－81.

陈希荣，朱佳，孙振宇，等，2018. 2015年7—8月珠江冲淡水扩展特征的观测与分析［J］. 厦门大学学报（自然科学版），57（6）：841－848.

陈子燊，1993. 珠江伶仃河口湾及邻近内陆架的纵向环流与物质输运分析［J］. 热带海洋，12（4）：47－54.

戴志军，李为华，李九发，等，2008. 特枯水文年长江河口汛期盐水入侵观测分析［J］. 水科学进展，19（6）：835－840.

丁芮，陈学恩，曲念东，等，2015. 珠江口及邻近海域潮波数值模拟——Ⅰ模型的建立和分析［J］. 中国海洋大学学报（自然科学版），45（11）：1－9.

方国洪，郑文振，陈宗镛，等，1986. 潮汐和潮流的分析和预报［M］. 北京：海洋出版社.

方神光，2013. 珠江河口磨刀门水道咸潮上溯主要影响因素探讨［J］. 人民长江，44（5）：23－26.

方神光，2014. 珠江河口磨刀门水道枯季盐水入侵特性分析［J］. 海洋科学，38（11）：90－99.

参 考 文 献

方神光，陈文龙，2011. 港珠澳大桥对伶仃洋河口水域纳潮影响分析 [J]. 人民珠江，32 (1)：18-22，72.

费岳军，史军强，堵盘军，等，2013. 冬季舟山外海定点实测海流资料分析 [J]. 海洋通报，32 (6)：648-656.

冯士筰，1998. 风暴潮的研究进展 [J]. 世界科技研究与发展，20 (4)：44-47.

冯向波，严以新，2011. 台湾近海水文观测体系的构建及其数据分析方法 [J]. 热带海洋学报，30 (1)：35-42.

甘雨鸣，唐永明，刘美南，1991. 珠江口台风暴潮的数值计算 [J]. 中山大学学报（自然科学版)，30 (4)：1-8.

高时友，何用，卢陈，等，2017. 磨刀门口夏冬季沿岸流特征及成因分析 [J]. 海洋学报，39 (5)：1-9.

宫清华，周晴，李平日，等，2019. 珠江口伶仃洋地貌特征演变与纳潮能力变化研究 [J]. 海洋学报，41 (1)：98-107.

龚政，张东生，张君伦，2003. 河口海岸水文信息处理系统 [J]. 水利学报 (1)：83-87.

顾靖华，葛振鹏，王杰，2020. 河口海岸环境监测技术研究进展 [J]. 华东师范大学学报（自然科学版）(1)：159-170.

郭磊，赵英林，2002. 水文频率分析软件的开发 [J]. 中国农村水利水电 (9)：64-65.

韩保新，郭振仁，冼开康，等，1992. 珠江河口海区潮流的数值模拟 [J]. 海洋与湖沼，23 (5)：475-484.

韩灯亮，2014. 南方片水文资料整编软件在广东试算检验分析 [J]. 广西水利水电 (4)：24-25，33.

韩西军，杨树森，2008. 珠江口鸡抱沙附近地形冲淤演变研究 [J]. 水道港口，29 (5)：328-332.

韩志远，田向平，刘峰，2010. 珠江磨刀门水道咸潮上溯加剧的原因 [J]. 海洋学研究，28 (2)：52-59.

何杰，辛文杰，贾雨少，2012. 港珠澳大桥对珠江口水域水动力影响的数值模拟 [J]. 水利水运工程学报，(2)：84-90.

何用，吴尧，卢陈，2022. 珠江河口演变与治理保护探讨 [J]. 泥沙研究，47 (6)：1-8.

何用，卢陈，杨留柱，等，2018. 珠江河口口门区滩槽演变及对泄洪的影响研究 [J]. 水利学报，49 (1)：72-80.

洪鹏锋，杜文印，2019. 强人类活动驱动下珠江磨刀门河口潮汐动力增强原因初探 [J]. 人民珠江，40 (9)：28-32.

侯庆志，陆永军，王志力，等，2019. 河口湾水动力环境对滩涂利用的累积响应——以珠江口伶仃洋为例 [J]. 水科学进展，30 (6)：789-799.

侯伟芬，吴俊开，2016. 宁波北仑崎头角附近海域潮汐潮流特征分析 [J]. 浙江海洋学院学报（自然科学版)，35 (2)：137-143.

侯一筠，尹宝树，管长龙，等，2020. 我国海洋动力灾害研究进展与展望 [J]. 海洋与湖沼，51 (4)：759-767.

胡达，李春初，王世俊，2005. 磨刀门河口拦门沙演变规律的研究 [J]. 泥沙研究 (4)：71-75.

胡德礼，杨清书，吴超羽，等，2010. 珠江网河水沙分配变化及其对伶仃洋水沙场的影响

[J]. 水科学进展，21 (1)：69 - 76.

黄畅，王永红，杨清书，等，2022. 珠江三角洲河网流量的时空变化及影响因素 [J]. 中国海洋大学学报 (自然科学版)，52 (5)：97 - 106.

黄方，叶春池，温学良，等，1994. 黄茅海盐度特征及其盐水楔活动范围 [J]. 海洋通报，13 (2)：33 - 39.

黄胜，卢启苗，1995. 河口动力学 [M]. 北京：水利电力出版社.

贾良文，任杰，余丹亚，2012. 广东省沿海地区年最高设计潮位计算与分析 [J]. 水运工程 (6)：8 - 14.

贾良文，罗军，任杰，2012. 珠江口黄茅海拦门沙演变及成因分析 [J]. 海洋学报，34 (5)：120 - 127.

贾良文，吕晓莹，程聪，等，2018. 珠江口磨刀门月际尺度地貌演变研究 [J]. 海洋学报，40 (9)：65 - 77.

贾良文，任杰，徐治中，等，2009. 磨刀门拦门沙区域近期地貌演变和航道整治研究 [J]. 海洋工程，27 (3)：76 - 84.

贾淇文，章桂芳，唐世林，等，2021. 2013～2018 年珠江河口伶仃洋水域悬浮泥沙季节性变化分析 [J]. 中山大学学报 (自然科学版)，60 (5)：59 - 71.

江迪，2020. 融合卫星遥感数据的三维悬浮泥沙声学观测技术 [D]. 杭州：浙江大学.

蒋陈娟，周佳楠，杨清书，2020. 珠江磨刀门河口潮汐动力变化对人类活动的响应 [J]. 热带海洋学报，39 (6)：66 - 76.

黎兵，何中发，2010. 海岸带地质环境监测体系建设与管理的构想——以上海海岸带为例 [J]. 上海地质，31 (1)：6 - 10，20.

李春初，1982. 潮汐作用为主的河口三角洲特征 [J]. 海洋科学 (1)：39 - 43.

李春初，1997. 论河口体系及其自动调整作用——以华南河流为例 [J]. 地理学报，52 (4)：353 - 360.

李静萍，2015. 多元统计——分析原理与基于 SPSS 的应用 [M]. 2 版. 北京：中国人民大学出版社.

李孟国，韩志远，许婷，等，2021. 伶仃洋港口航道泥沙问题研究 [J]. 水运工程 (9)：1 - 8.

李孟国，韩志远，李文丹，等，2019. 伶仃洋滩槽演变与水沙环境研究进展 [J]. 海洋湖沼通报 (5)：20 - 33.

李团结，2017. 伶仃洋地形地貌阶段性演变过程及趋势分析 [D]. 武汉：中国地质大学.

李为华，时连强，刘猛，等，2013. 河口海岸浮泥观测技术、特性及运移规律研究进展 [J]. 泥沙研究 (1)：74 - 80.

林其良，黄大吉，宣基亮，2015. 浙闽沿岸潮余流的空间变化 [J]. 海洋学研究，33 (4)：30 - 36.

林若兰，刘洋，卓文珊，等，2020. 风对枯季伶仃洋水体交换的影响 [J]. 生态科学，39 (5)：9 - 15.

林祖亨，梁舜华，1996. 珠江口水域的潮流分析 [J]. 海洋通报，15 (2)：11 - 22.

刘锋，田向平，韩志远，等，2011. 近四十年西江磨刀门水道河床演变分析 [J]. 泥沙研究 (1)：45 - 50.

刘晋涛，胡嘉镗，李适宇，等，2020. 围填海对伶仃洋水流动力的短期影响模拟研究 [J].

海洋通报，39（2）：178－190.
刘俊勇，2014. 珠江三角洲水库概念模型研究［J］. 人民珠江，35（1）：8－11.
刘培，苏波，2023. 珠江河口综合治理规划实施评估及修编建议［J］. 中国水利（13）：9－13.
刘士诚，陈永平，谭亚，等，2021. 珠江河网1822号台风“山竹”期间风暴增水模拟及特性分析［J］. 海洋预报，38（2）：12－20.
刘伟，范代读，涂俊彪，等，2018. 椒江河口春季悬沙输运特征及通量机制研究［J］. 海洋地质与第四纪地质，38：41－51.
刘岳峰，韩慕康，邬伦，等，1998. 珠江三角洲口门区近期演变与围垦远景分析［J］. 地理学报，53（6）：492－500.
龙小敏，章克本，王盛安，等，2005. 海洋水文多参数测量仪确定主波向的方法和应用［J］. 热带海洋学报，24（6）：72－78.
卢如秀，叶锦昭，1982. 珠江河口台风最大增水规律的研究［J］. 中山大学学报（自然科学版）（2）：26－29.
路剑飞，陈子燊，2010. 珠江口磨刀门水道盐度多步预测研究［J］. 水文，30（5）：69－74.
罗友芳，1987. 珠江河口水文自动观测系统简介［J］. 人民珠江（1）：48.
罗肇森，罗勇，1997. 对浮泥挟沙力和输沙规律的研究和应用［J］. 泥沙研究（4）：42－46.
吕富良，王立鹏，王志勇，等，2022. 风暴潮警戒潮位电子标识技术应用示范［J］. 海岸工程，41（1）：87－94.
马玉婷，蔡华阳，杨昊，等，2022. 珠江磨刀门河口水位分布演变特征及其对人类活动的响应［J］. 热带海洋学报，41（2）：52－64.
欧素英，2005. 珠江口冲淡水扩展变化及动力机制研究［D］. 北京：中国科学院研究生院.
欧素英，田枫，郭晓娟，等，2016. 珠江三角洲径潮相互作用下潮能的传播和衰减［J］. 海洋学报，38（12）：1－10.
齐江辉，郑亚雄，梁双令，等，2018. 葫芦岛核电站可能最大风暴潮（PMSS）数值模拟研究［J］. 海岸工程，37（2）：41－49.
乔彭年，1983. 珠江三角洲西江干流河床演变的近代过程［J］. 地理科学，3（2）：141－150.
乔彭年，1992. 伶仃洋、黄茅海寿命的初步研究［J］. 热带地理，12（2）：129－132.
沈焕庭，贺松林，潘定安，等，1992. 长江河口最大浑浊带研究［J］. 地理学报（47）：470－479.
沈焕庭，1988. 国外河口水文研究的动向［J］. 地理学报，43（3）：274－280.
沈焕庭，贺松林，茅志昌，等，2001. 中国河口最大浑浊带刍议［J］. 泥沙研究（1）：23－29.
盛寿龙，朱骊，2011. 水文频率分析计算软件的研制和应用［J］. 人民长江，42（增刊Ⅱ）：22，27.
时钟，熊龙兵，倪智慧，等，2019. 潮汐河口环流、湍流、混合与层化的物理学［J］. 海岸工程，38（1）：1－31.

孙介民，1991. 潮汐河口水文测验内业（英汉）电脑处理系统的研制 [J]. 水文（2）：56-58，48.
邰佳爱，张长宽，宋立荣，2009. 强台风 0814（黑格比）和 9615（莎莉）台风暴潮珠江口内超高潮位分析 [J]. 海洋通报，28（6）：14-18.
汤立群，梁建林，刘大滨，2008. 黄茅海围垦工程潮流泥沙变化数值模拟 [J]. 泥沙研究（2）：9-15.
王彪，朱建荣，2012. 基于 FVCOM 模型的珠江河口及其邻近海域的潮汐模拟 [J]. 热带海洋学报，31（4）：17-27.
王世俊，胡达，李春初，2006. 磨刀门河口近期演变及其排洪效应 [J]. 海洋通报，25（2）：21-26.
王忠权，俞金清，马捷，2023. 钱塘江河口涌潮长期观测体系的建立 [J]. 浙江水利科技，51（1）：37-41.
王宗旭，乔煜，季小梅，等，2020. 珠江河口岸线变化对潮动力的影响 [J]. 科学技术与工程，20（3）：1171-1180.
韦惺，吴晓星，2011. 黄茅海河口崖门的动力结构和沉积作用 [J]. 中国科学（地球科学），41（2）：272-282.
闻平，陈晓宏，刘斌，等，2007. 磨刀门水道咸潮入侵及其变异分析 [J]. 水文，27（3）：65-67.
吴门伍，严黎，周家俞，等，2012. 港珠澳大桥对伶仃洋滩地演变影响试验研究 [J]. 水利水运工程学报（1）：49-56.
吴门伍，严黎，杨留柱，等，2018. 珠江河口磨刀门口外拦门沙近期演变分析 [J]. 长江科学院院报，35（6）：141-153.
夏真，2005. 珠江口内伶仃洋水下地形地貌特征 [J]. 海洋地质与第四纪地质，25（1）：19-24.
肖志建，2012. 珠江河口及邻近海域表层沉积物特征及其泥沙运移趋势 [J]. 海洋通报，31（5）：481-488.
谢加球，侯凯，王艳苹，等，2013. HEC-RAS 水文分析软件在水利水电工程中的运用 [J]. 人民珠江，34（4）：29-32.
谢丽莉，刘霞，杨清书，等，2015. 人类活动驱动下伶仃洋洪季大潮水沙异变 [J]. 泥沙研究（3）：56-62.
徐君亮，1988. 珠江口的河口特性及其开发管理 [J]. 地理学与国土研究，4（2）：24-30.
闫小培，毛蒋兴，普军，2006. 巨型城市区域土地利用变化的人文因素分析——以珠江三角洲地区为例 [J]. 地理学报，61（6）：613-623.
杨芳，蒋然，杨莉玲，等，2021. 澳门内港水域低氧区空间分布及形成机制研究 [J]. 热带海洋学报，40（6）：52-62.
杨昊，欧素英，傅林曦，等，2020. 珠江磨刀门河口日均水位变化及影响因子辨识 [J]. 水利学报，51（7）：869-881.
杨名名，吴加学，张乾江，等，2016. 珠江黄茅海河口洪季侧向余环流与泥沙输移 [J]. 海洋学报，38（1）：31-45.
杨清书，傅林曦，魏稳，等，2023. 珠江黄茅海河口湾滩槽结构演变及动态平衡研究 [J].

海洋学报，45（4）：68－81.
杨清书，罗章仁，沈焕庭，等，2003. 珠江三角洲网河区顶点分水分沙变化及神经网络模型预测［J］. 水利学报，34（6）：56－60.
杨雪舞，1993. 珠江口黄茅海河口湾泥沙来源和运移过程分析［J］. 海洋通报，12（6）：53－62.
杨正东，朱建荣，宋云平，等，2021. 长江口余水位时空变化及其成因［J］. 华东师范大学学报（自然科学版）（2）：12－20.
应强，曹民雄，孔祥柏，1997. 黄茅海海域内泥沙淤积范围的确定［J］. 水科学进展，8（1）：48－53.
应强，何杰，辛文杰，2019. 巨型人工采砂坑对伶仃洋自然演变的影响［J］. 水科学进展，30（6）：915－922.
应秩甫，陈世光，1983. 珠江口伶仃洋咸淡水混合特征［J］. 海洋学报，5（1）：1－10.
袁菲，杨清书，杨裕桂，等，2018. 珠江口东四口门径流动力变化及其原因分析［J］. 人民珠江，39（2）：26－29.
詹寿根，2002. Excel 软件在水文水能分析计算中的应用［J］. 水利水电工程设计，21（1）：50－52.
张广燕，2006. 澳门附近水域汇流区冲淤演变分析［J］. 人民珠江，27（3）：19－21.
张炯，庄佳，2014. 磨刀门水道与洪湾水道分流段近期河道演变分析［J］. 中国水运，14（10）：263－266.
张世民，李少伟，邓兆青，等，2018. 厦门湾潮流动力特征研究［J］. 海洋预报，35（1）：19－28.
张晓浩，黄华梅，王平，等，2016. 1973—2015 年珠江口海域岸线和围填海变化分析［J］. 海洋湖沼通报（5）：9－15.
张心凤，2014. 黄茅海水域河床长期演变趋势预测［J］. 武汉大学学报（工学版），47（5）：591－598.
张心凤，詹杰民，2007. 黄茅海水域三维水动力数值模拟［J］. 武汉大学学报（工学版），40（5）：43－47.
张鹰，丁贤荣，1994. 江苏沿海中部建设海洋观测台站的希望与设想［J］. 海洋技术，13（3）：52－55.
张子昊，李嘉怡，刘锋，等，2020. 西江网河河床演变对人类活动的响应［J］. 泥沙研究，45（3）：61－66.
章树安，吴礼福，林伟，2006. 我国水文资料整编和数据库技术发展综述［J］. 水文，26（3）：48－52.
赵荻能，2017. 珠江河口三角洲近 165 年演变及对人类活动响应研究［D］. 杭州：浙江大学.
赵焕庭，1981. 珠江河口湾伶仃洋的地形［J］. 海洋学报，3（2）：255－274.
周旭波，孙文心，2000. 长江口以外海域风暴潮与天文潮的非线性相互作用［J］. 青岛海洋大学学报，30（2）：201－206.
朱建荣，刘新成，沈焕庭，等，2003. 1996 年 3 月长江河口水文观测和分析［J］. 华东师范大学学报（自然科学版）（4）：87－93.
朱建荣，吴辉，李路，等，2010. 极端干旱水文年（2006）中长江河口的盐水入侵［J］.

华东师范大学学报（自然科学版）(4)：1-6，25.

朱泽文，刘丙军，2021. 珠江河口拦门沙演变对咸潮上溯的影响 [J]. 水电能源科学，39 (11)：48-51，101.

邹华志，杨芳，张亮亮，2019. 河床下切对磨刀门水道咸潮上溯的影响 [J]. 水电能源科学，37 (6)：36-39，94.

CAO D F，SHEN Y M，SU M R，et al，2019. Numerical simulation of hydrodynamic environment effects of the reclamation project of Nanhui tidal flat in Yangtze Estuary [J]. Journal of Hydrodynamic，31 (3)：603-613.

FANG G H，FANG W，FANG Y，et al，1998. A survey of studies on the South China Sea upper ocean circulation [J]. Acta Oceanogr Taiwan (37)：1-16.

FISCHER H B，1976. Mixing and dispersion in estuaries [J]. Annual Review of Fluid Mechanics，8 (1)：107-133.

HUTHNANCE J M，1973. Tidal current asymmetries over the Norfolk Sandbanks [J]. Estuarine & Coastal Marine Science，1 (1)：89-99.

LI J，HOU Y，MO D，et al，2019. Influence of tropical cyclone intensity and size on storm surge in the northern East China Sea [J]. Remote Sensing，11 (24)：3033.

OU S，HONG Z，WANG D，2009. Dynamics of the buoyant plume off the Pearl River Estuary in summer [J]. Environmental Fluid Mechanics (9)：471-492.

OU S，ZHANG H，WANG D，2007. Horizontal characteristics of buoyant plume off the Pear River Estuary during summer [J]. Journal of Coastal Research，50：652-657.

PAN H，LV X，WANG Y，et al，2018. Exploration of tidal-fluvial interaction in the Columbia River estuary using S_TIDE [J]. Journal of Geophysical Research：Oceans，123：6598-6619.

PAWLOWICZ R，BEARDSLEY B，LENTZ S，2002. Classical tidal harmonic analysis including error estimates in MATLAB using T_TIDE [J]. Computers & Geosciences，28 (8)：929-937.

PRANDLE D，2009. Estuaries：Dynamics，mixing，sedimentation，and morphology [M]. Cambridge：Cambridge University Press.

SCHULZ K，ENDOH T，UMLAUF L，2017. Slope-induced tidal straining：Analysis of rotational effects [J]. Journal of Geophysical Research：Oceans (122)：2069-2089.

WANG H，ZHANG P，HU S，et al，2020. Tidal regime shift in Lingdingyang Bay，the Pearl River Delta：an identification and assessment of driving factors [J]. Hydrological Processes. 34 (13)：2878-2894.

WEISBERG R H，1976. The noutidal flow in the Providence River of Narragansett Bay：A stochastic approach to estuarine circulation [J]. Journal of Physical Oceanography (6)：721-734.

WONG L A，CHEN J C，XUE H，et al，2003. A model study of the circulation in the Pearl River Estuary (PRE) and its adjacent coastal waters：1. Simulations and comparison with observations [J]. Journal of Geophysical Research-Oceans，108 (C5)：3156.

XU H J，HUANG Z，BAI Y，et al，2020. Effects of flow circulations on the sediment dynamics in the deep-water navigation channel of the Yangtze River Estuary [J]. Journal of

Coastal Research，95（spl）：723－727.
XU H P，ZHANG Y W，XU C W，et al，2011. Coastal seafloor observatory at Xiaoqushan in the East China Sea［J］. Chinese Science Bulletin，56（26）：2839－2845.
ZHONG L J，LI M，2006. Tidal energy fluxes and dissipation in the Chesapeake Bay［J］. Continental Shelf Research，26（6）：752－770.

彩　　图

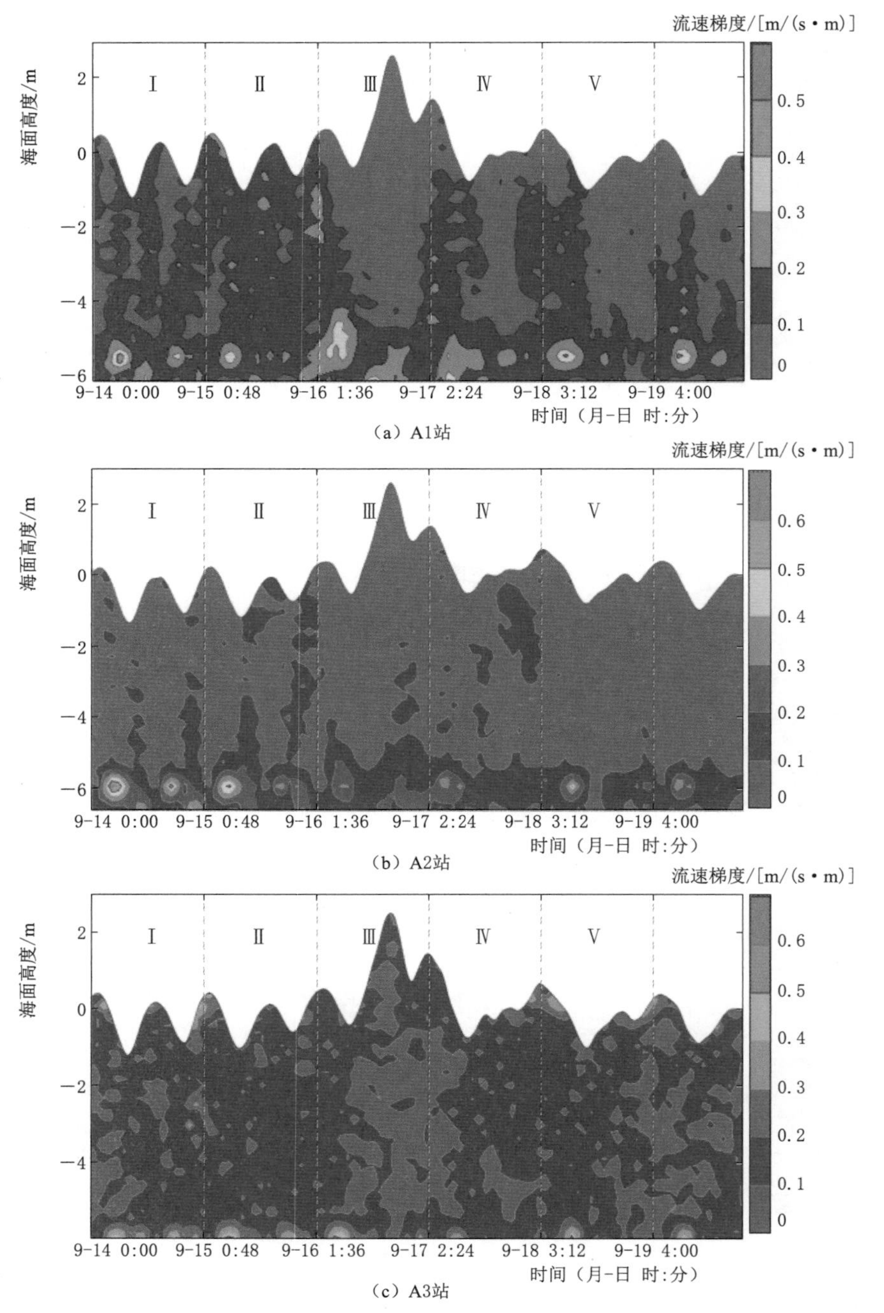

（a）A1站

（b）A2站

（c）A3站

图 4-8（一）　各站水平流速垂向梯度时空变化图

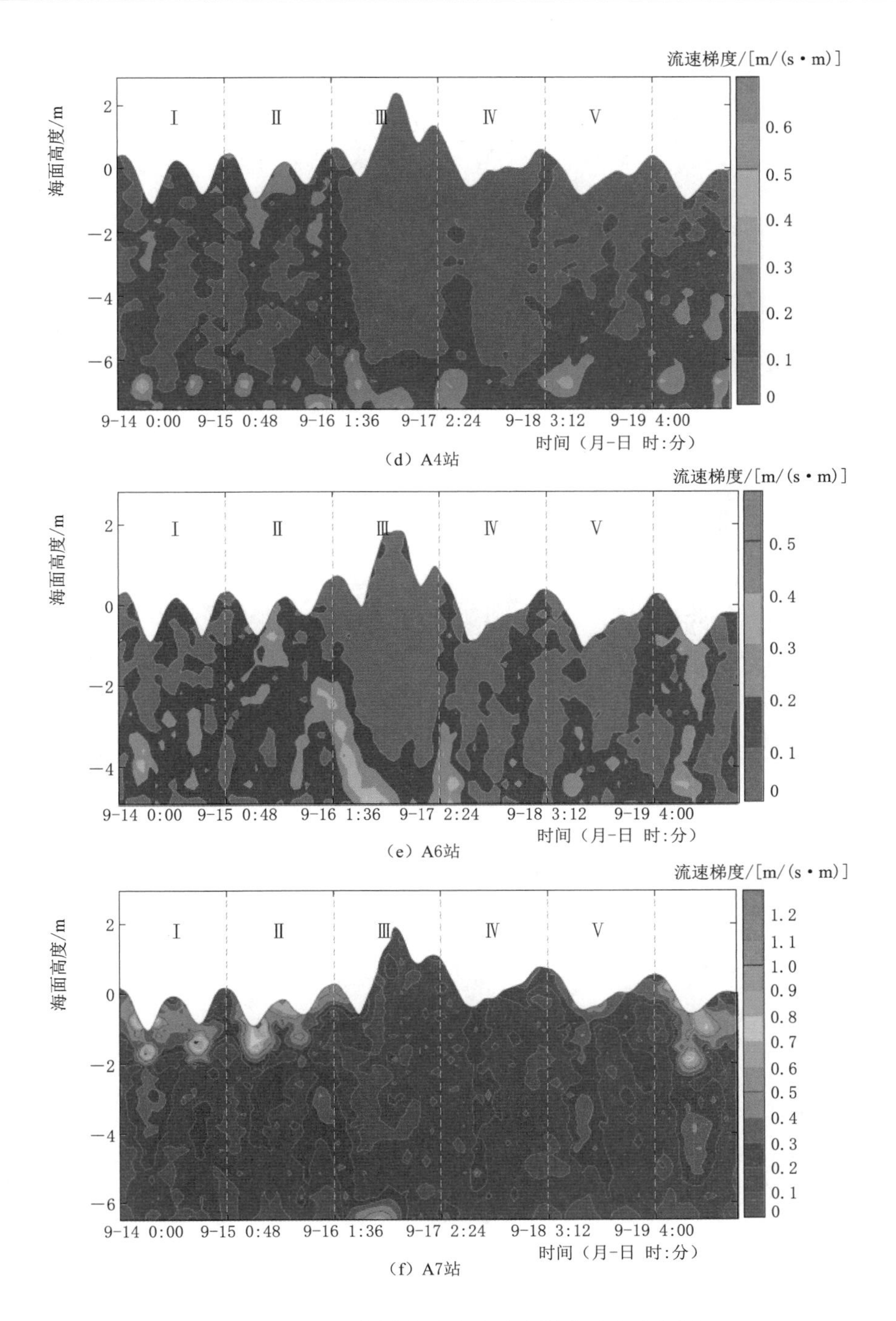

图 4-8（二）　各站水平流速垂向梯度时空变化图

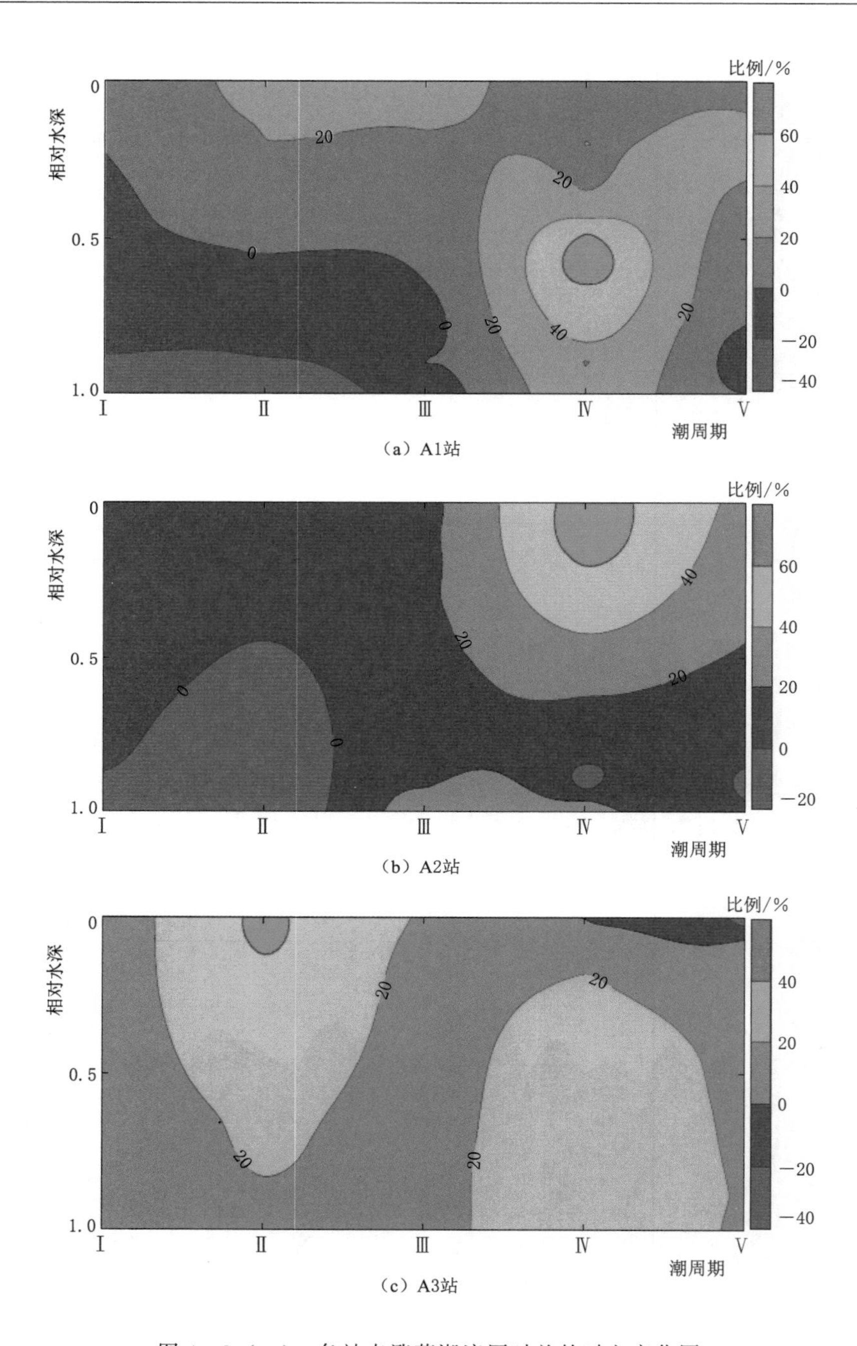

图 4-9（一）　各站点涨落潮流历时差的时空变化图

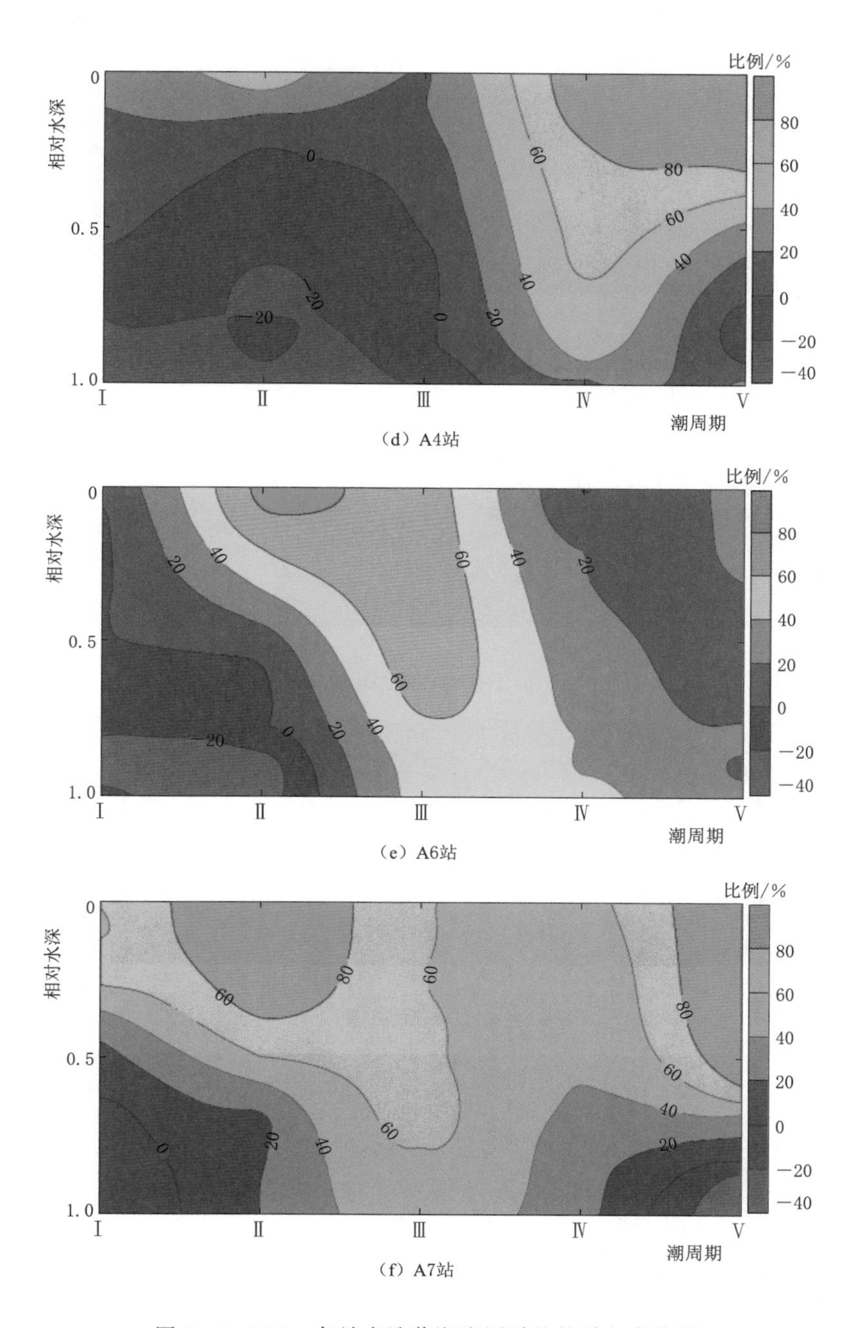

（d）A4站

（e）A6站

（f）A7站

图4-9（二）　各站点涨落潮流历时差的时空变化图

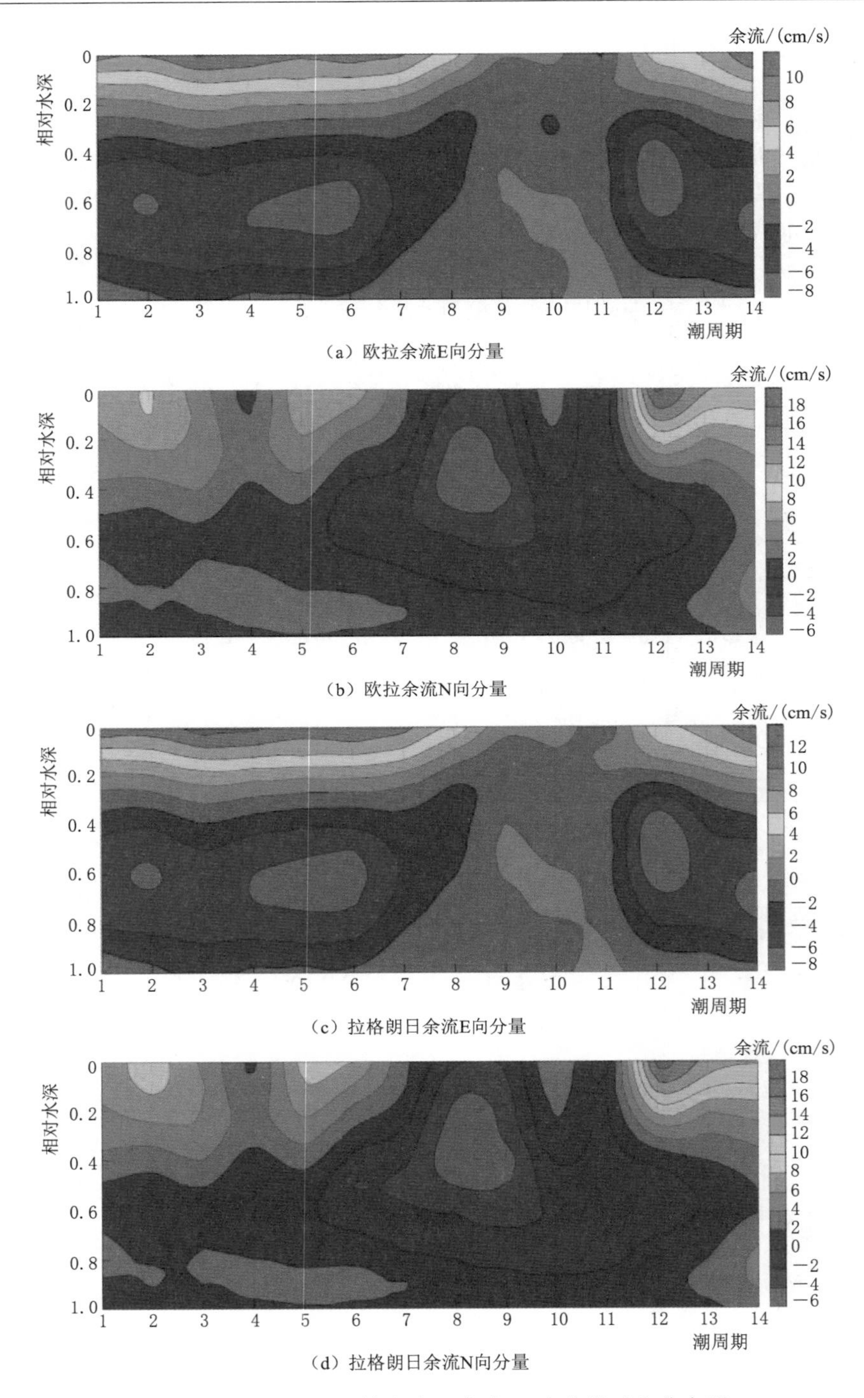

图 5-10（一）　A6 站余流 E 向和 N 向分量时空分布图

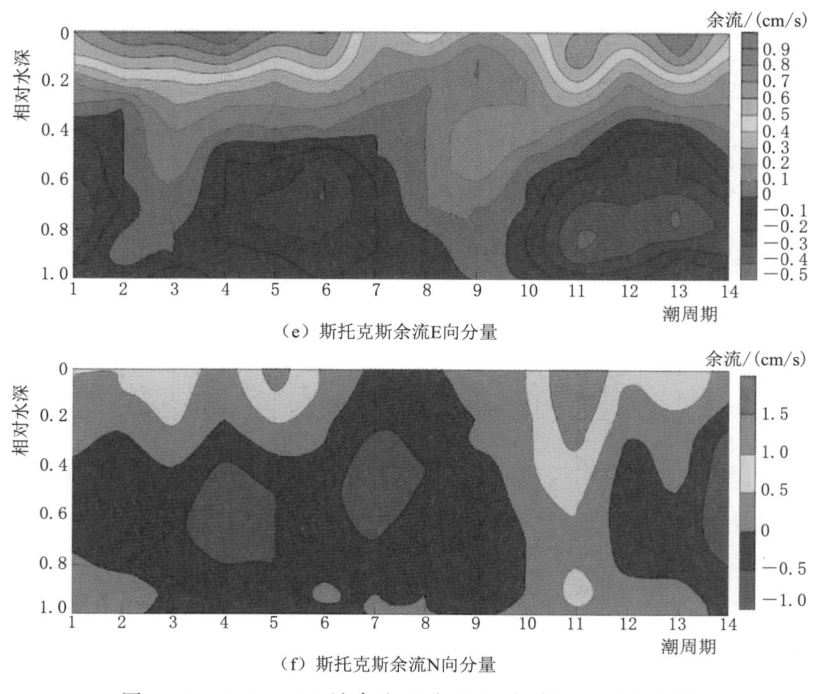

（e）斯托克斯余流E向分量

（f）斯托克斯余流N向分量

图 5-10（二）　A6 站余流 E 向和 N 向分量时空分布图

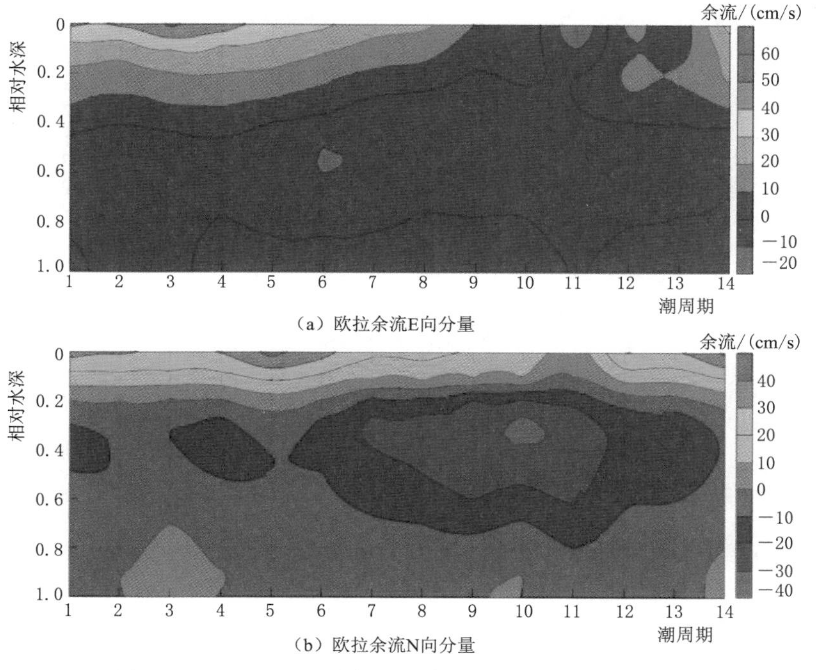

（a）欧拉余流E向分量

（b）欧拉余流N向分量

图 5-11（一）　A7 站余流 E 向和 N 向分量时空分布图

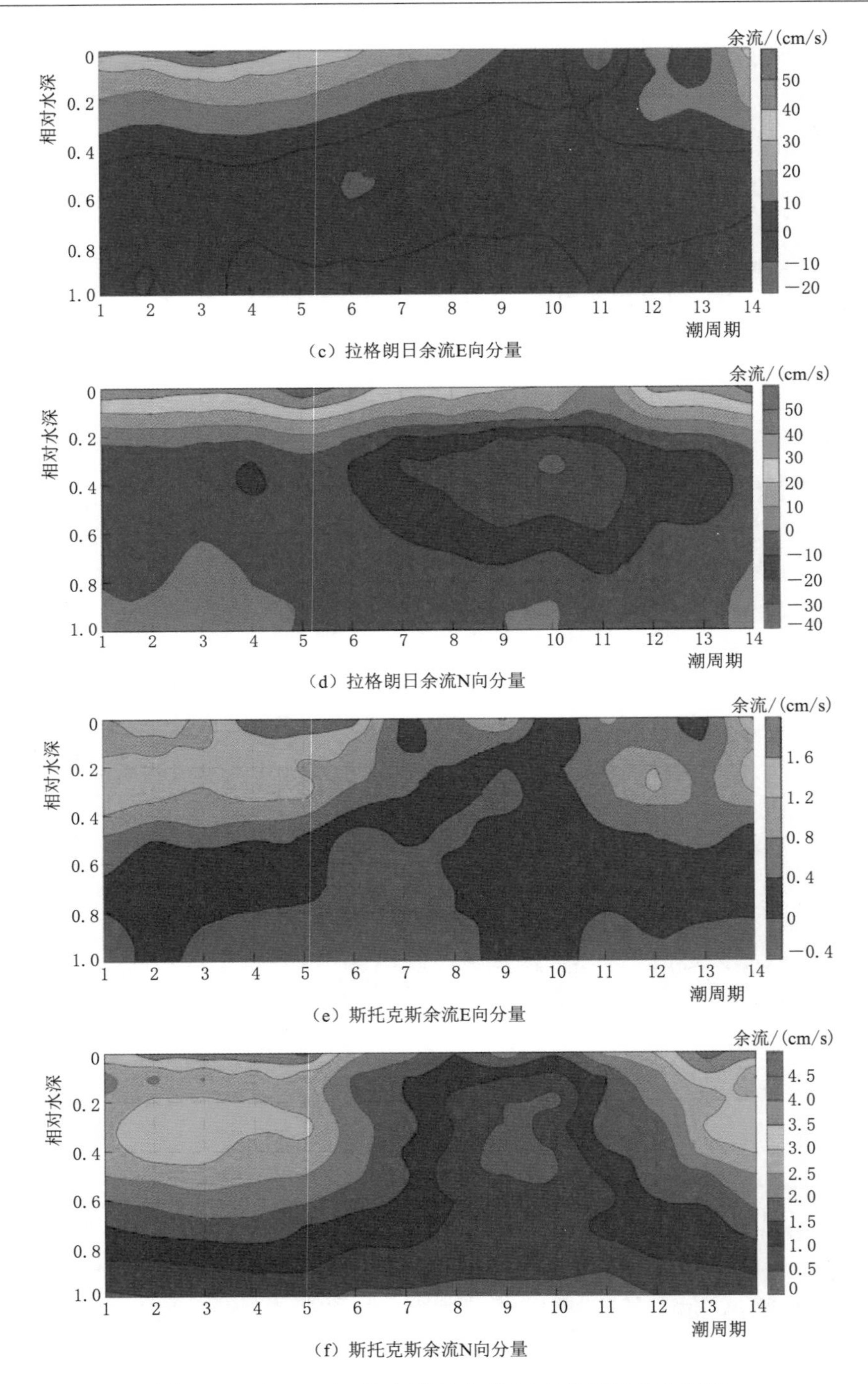

(c) 拉格朗日余流E向分量

(d) 拉格朗日余流N向分量

(e) 斯托克斯余流E向分量

(f) 斯托克斯余流N向分量

图 5-11（二） A7 站余流 E 向和 N 向分量时空分布图

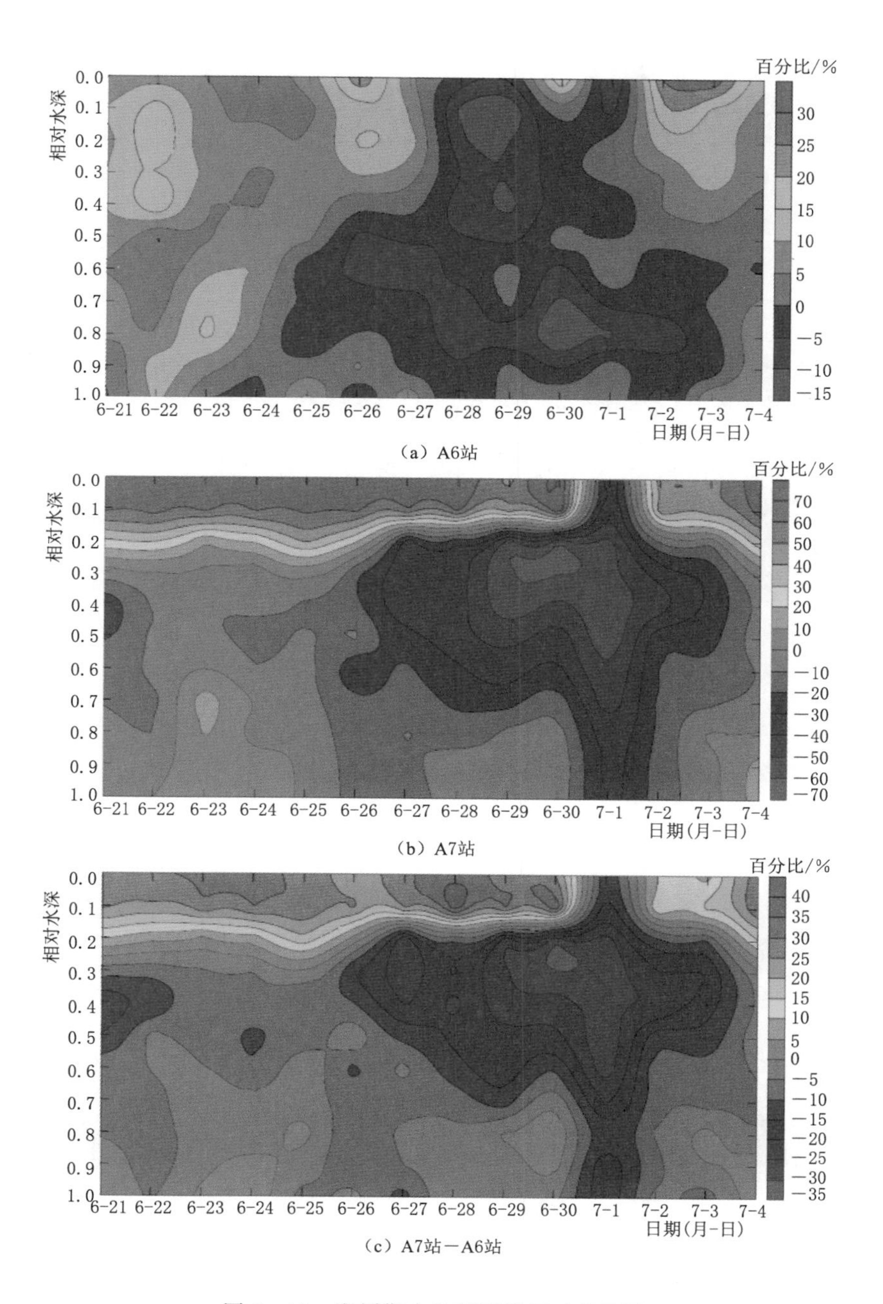

(a) A6站

(b) A7站

(c) A7站—A6站

图 5-12　潮周期内的涨潮流历时变化图

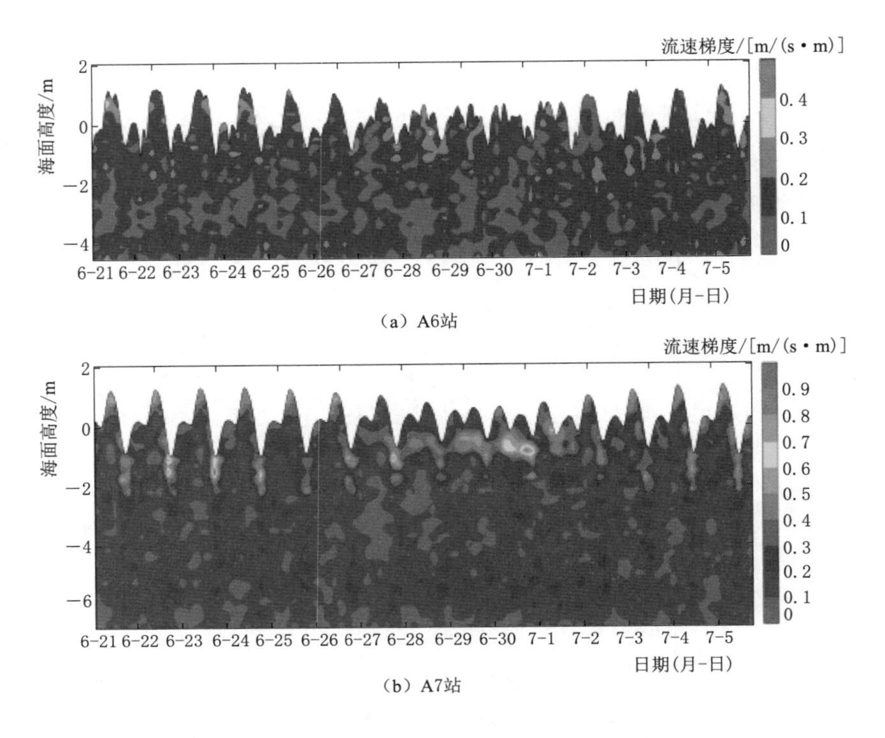

(a) A6站

(b) A7站

图5-14　垂向流速梯度时空变化图

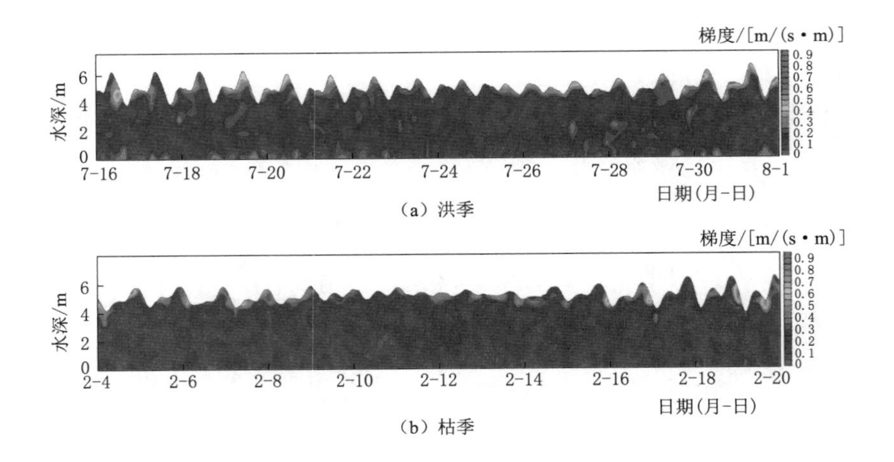

(a) 洪季

(b) 枯季

图8-9　洪枯季水平流速垂向梯度时空变化图